Transient Flow Mechanism Inside the Rotor Cavity of Rotary Lobe Pumps

凸轮泵转子腔内部瞬态流动机理

黎义斌 郭东升 - 著

镇 江

图书在版编目(CIP)数据

凸轮泵转子腔内部瞬态流动机理 / 黎义斌，郭东升著. — 镇江 : 江苏大学出版社，2019.9
ISBN 978-7-5684-1188-2

Ⅰ. ①凸… Ⅱ. ①黎… ②郭… Ⅲ. ①凸轮－转子泵－研究 Ⅳ. ①TH326

中国版本图书馆 CIP 数据核字(2019)第 188995 号

凸轮泵转子腔内部瞬态流动机理
Tulunbeng Zhuanziqiang Neibu Shuntai Liudong Jili

著　　者/黎义斌　郭东升
责任编辑/郑晨晖
出版发行/江苏大学出版社
地　　址/江苏省镇江市梦溪园巷 30 号(邮编: 212003)
电　　话/0511-84446464(传真)
网　　址/http://press.ujs.edu.cn
排　　版/镇江市江东印刷有限责任公司
印　　刷/镇江市文苑制版印刷有限责任公司
开　　本/710 mm×1 000 mm　1/16
印　　张/10.25
字　　数/192 千字
版　　次/2019 年 9 月第 1 版　2019 年 9 月第 1 次印刷
书　　号/ISBN 978-7-5684-1188-2
定　　价/36.00 元

如有印装质量问题请与本社营销部联系(电话:0511-84440882)

前　言

凸轮泵是一种非接触式容积泵，具有高效、强自吸、低脉动、耐磨损和正反转等优点，特别适用于输送高黏性介质(轻质燃油、航空煤油、重质油)和多相流动介质(气液混输、固液混输、气固液多相混输)，与其他容积式泵(齿轮泵、螺杆泵)相比，由于凸轮泵具有上述诸多优点，已成为离心泵、齿轮泵和螺杆泵的最佳替代品，特别在轻工食品、环保与污水处理、石油化工、采矿冶金等领域具有广泛的应用前景。

目前，相比叶片式泵而言，国内外在凸轮泵转子腔内部瞬态流动机理方面的研究较少，其理论体系和设计方法还不完善。近年来，随着 CFD 及其动网格技术的发展，凸轮泵转子腔内部精细流场的数值预测和型线优化成为可能，从而为凸轮泵内部瞬态流动数值计算和分析提供了新的研究方法。本书围绕凸轮泵转子腔内部瞬态流动机理这一主题，首先，简要介绍凸轮泵的工作原理、研究方法和国内外研究进展；然后，基于几种常用的凸轮泵转子型线方程，分别研究了转子腔内复杂流动机理及其转子激励力分布规律、主要几何参数对性能和内部流动的影响、启动特性对转子腔内空化流动的影响、黏油条件下转子腔内部流动及其激励机制；最后，介绍了 PumpLinx 软件的操作界面和实用技巧，并基于 PumpLinx 动网格算例介绍了凸轮泵转子腔内部流动数值仿真方法。本书内容深入浅出，理论和实践相结合，为凸轮泵转子型线设计、仿真和优化提供理论依据和设计参考。

本书出版获得了兰州理工大学“流体机械与能源装备”红柳特色优势学科的资助，得到了青岛罗德通用机械设备有限公司的大力支持，谨在此表示衷心感谢。另外，张晓泽、杜俊、李龙、王忠、梁开一、庞敏超等为本书的出版付出了辛勤劳动，在此一并致谢。

本书可作为流体机械及工程专业的本科生、硕士研究生和博士研究生，以及凸轮泵相关研究和产品开发领域的工程技术人员的参考用书。著者希望本书的出版能够进一步完善凸轮泵的设计理论和优化方法，推动我国凸轮泵技术领域的技术进步和创新发展。

由于作者水平有限，书中难免存在不妥或疏漏之处，敬请读者批评指正。

黎义斌　郭东升

2019年5月于兰州理工大学

目 录

1 绪　论

1.1 研究背景及意义

泵是一种以液体为工作介质进行能量转换的通用机械。泵的类型较多，结构多样，性能差异较大。泵按其工作原理可分为3种类型：叶片式泵、容积式泵和其他类型泵[1]。凸轮泵是一种非接触容积式泵，具有高效、强自吸、低脉动、耐磨损和正反转等优点，特别适用于输送高黏性介质（轻质燃油、航空煤油和重质油）和多相流动介质（气液混输、固液混输、气固液三相混输）。与其他容积式泵（齿轮泵、螺杆泵）相比，凸轮泵由于具有上述诸多优点，已成为离心泵、齿轮泵和螺杆泵的最佳替代品，特别在轻工食品、环保与污水处理、石油化工、采矿冶金等领域具有广泛的应用前景[2]。

目前，国外凸轮泵的理论研究集中在凸轮转子型线方程建立、凸轮型线优化理论等方面。我国在凸轮泵转子腔内部流动机理研究领域的起步较晚，设计理论体系不够完善，集成化程度不足，自主创新的能力较弱，设计人才匮乏，中高端凸轮泵产品几乎被德国、美国和日本等国外品牌垄断。凸轮泵研究的难点和热点主要集中在螺旋凸轮泵型线设计理论和优化方法，弹性体包裹的凸轮泵转子一体化成型理论及凸轮泵高可靠性密封结构等方面。因此，本书基于Fluent和PumpLinx动网格技术和外特性实验，实现凸轮泵转子腔内部流动的数值仿真和性能预测，揭示凸轮泵转子几何参数、内部流动规律及其性能的相互影响机制，进一步完善凸轮泵的基础理论和设计方法，从而为凸轮泵转子腔内部流动机理及转子型线设计提供理论依据和设计参考。

1.2 凸轮泵的工作原理与应用

1.2.1 凸轮泵的工作原理

如图 1.1 所示，凸轮泵是一种非接触容积式泵，又称罗茨泵，最早由美国发明家菲兰德与法兰西斯·马里昂·罗茨于 1860 年共同发明并注册专利[3]。凸轮泵实际上是通过转子与转子腔体间的相对运动改变工作腔的容积，使液体的能量增加，实现机械能转变为液体能量的机械设备。凸轮泵主要由 2 个非接触同步旋转的凸轮转子、主轴、泵体、同步齿轮、耐磨板(衬板)、泵盖、轴封和减速齿轮箱等组成。凸轮泵的流量特性仅取决于工作腔的容积变化值及其单位时间流量脉动的频率，如果不考虑转子腔内部间隙处的泄漏，凸轮泵的理论流量与其进出口压差值无关。

图 1.1 凸轮泵三维剖视图

凸轮泵转子旋转过程中在进口处产生真空度，吸入所要输送的介质，从而实现流体介质的连续输送。凸轮泵工作过程中，2 个转子将转子腔分隔为若干个小空间，并按图 1.2 所示的次序运转达到输送流体介质的目的。转子连续转动，交替完成吸入和排出的工作过程，从而使凸轮泵实现介质的周期性连续吸入和排出的泵送过程。一般地，2 叶凸轮泵每旋转一周，完成 2 次吸入和排出工作过程；3 叶凸轮泵每旋转一周，完成 3 次吸入和排出工作过程；以此类推，当凸轮泵叶型数最多取 8 叶时，凸轮泵每旋转一周，完成 8 次吸入和排出工作过程。

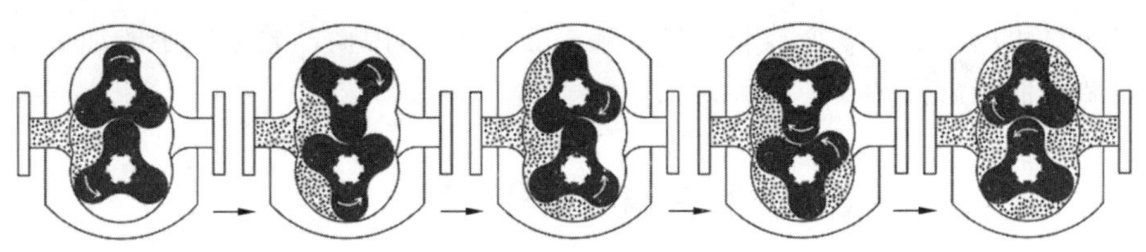

图 1.2 凸轮泵工作原理示意

1.2.2 凸轮泵的特点和应用领域

凸轮泵相比于离心泵、螺杆泵等，具有以下显著特点：密闭性好，自吸能力强，自吸高度达 8.5 m，最大工作压差达 2.5 MPa。特别地，采用弹性体橡胶包覆的螺旋凸轮泵转子体，具有高效率、耐腐蚀、低脉动、正反转、可干(空)转等特点。另外，凸轮泵也适合输送高黏度和含固体颗粒介质，其无堵塞性能好，颗粒物通过性可高达 85 mm。由于凸轮泵具有上述特点，其应用范围十分广泛，特别是适用于输送高含固率及高黏度流体介质，例如，高含固率工业废水、生活废水的输送，也适合输送卫生性要求高的介质，以及输送食品饮料、水果浓缩物、化妆品、医药和化学工业用品等[4]。

凸轮泵转子的叶型数可选择 2～8 叶，叶型数少，转子每旋转一圈的排量大，转子腔的容积利用系数高，凸轮泵的外形尺寸较小。转子腔及转子型线曲线较为平滑，空间大，无死角，易于清理；转子腔空间大，对固体及纤维状物体都不敏感，且随流体黏度增大，内部泄漏量减少，尤其适宜输送高黏性流体。凸轮泵具有较强的自吸能力，能允许泵送含气量较高的气液两相流介质。泵的传动和传送是分离的，传动腔内只有同步齿轮、轴承及润滑油，便于润滑和密封；泵的传送部分仅将流体排走，承受挤压力，使用和维护都很方便且效率高。凸轮泵是低剪切力的转子泵，对流体介质作用柔和，无刚性剪切挤压。对于特殊流体如低温或高温等还可将泵体设计成夹套保温式，对于含磨蚀性颗粒的流体，还可在泵体内表面设计易于更换的衬板。

与叶片式泵相比，在低转速区域下，由于其独特的转子轮廓，因而使流体沉淀显著减小。此外，凸轮泵有流量大、磨损少、维修方便、对称设计等优点，更能显示出其优越性。与往复泵相比，凸轮泵流量脉动小，对背压不敏感，具有平坦的流量-压力特性曲线，所以凸轮泵也很适合作计量泵使用。通常，凸轮泵的转子叶型是直叶，为了改善流量特性，还可以设计成螺旋凸轮转子。和其他容积式泵如齿轮泵、螺杆泵一样，为保证正确啮合，凸轮泵转子廓线是共轭曲线，但凸轮泵 2 个转子工作时不会产生齿轮泵工作时齿轮之间的刚性接触，属于非接触式啮合转动，无齿轮泵的困油现象发生，无接触疲劳破坏，转子更耐用。由于 2 个转子为非接触式啮合转动，因而凸轮泵转子的加工精度要求低于齿轮泵。

1.3 凸轮泵国内外研究现状和发展趋势

1.3.1 凸轮泵转子型线设计理论和方法

近年来，国内外在凸轮泵转子型线的优化算法和转子型线设计理论方面展开了深入研究。张铁柱等[5,6]和张洪信等[7]阐述了由摆线和圆弧组成的转子型线的设计方法及其转子齿廓参数的计算方法，并对 2 叶和 3 叶摆线凸轮转子进行了系统研究，提出了凸轮泵转子型线设计应满足的准则和优化方法，并建立了以小型化、轻量化为目标的摆线型转子优化设计模型和内泄漏模型。叶仲和等[8]通过对 2 叶型数与 3 叶型数摆线凸轮泵尺寸极值的计算，推导了该转子摆线齿谷曲率半径的简易计算公式。毛华永等[9]提出了摆线型凸轮泵内外转子几何参数的设计方法。唐善华[10]应用复极矢量函数建立了凸轮泵转子理论型线和实际型线的数学模型，并采用数值积分方法分析了凸轮泵的理论排量、容积利用系数等特性。Jung 等[11]在原有的型线（渐开线-椭圆）基础下，提出了多复合的转子型线（椭圆-渐开线-椭圆），有效地消除了因泵本身结构而引起的延迟现象。Yan 等[12]应用偏差函数（DF）方法对渐开线凸轮转子型线进行修正，达到了高密封和高效率的优化目标。Vogelsang 等[13]提出采用具有相位差的多台凸轮泵流量叠加，从而改善凸轮泵的流量脉动幅值，并验证了 Helical HiFlo Lobe 型线转子可抑制凸轮泵的流量脉动。杜旭明[14]推导了圆弧型和摆线型转子型线方程，揭示了凸轮泵转子型线的主要参数和面积利用系数。Hsieh[15]提出了一种可以显著改善流量特性的新型凸轮泵型线方程，该方程的曲线基于椭圆滚轮绕圆弧滚动时椭圆滚轮长轴端点所形成的轨迹。蔡玉强等[16]提出了一种由圆弧-渐开线-圆弧包络线等型线组成的 3 叶罗茨压缩机转子型线，该型线使压缩机面积利用系数提高了 16%。王慧[17]基于展成法和包络线理论，提出了一种改进型椭圆转子型线，该型线扩大了凸轮泵转子腔的容积利用效率的工作范围，其最大容积利用效率得到显著提升。Türk 等[18]揭示了间隙对凸轮泵转子腔性能的影响规律，并对间隙进行参数和性能优化，从而得出间隙的最佳值。Kang 等[19]证明 3 叶型数和 4 叶型数凸轮泵转子不会显著改善凸轮泵的性能，但与 2 叶型数凸轮泵相比，其流量脉动和压力脉动特性更佳。巴延博等[20]针对新式椭圆凸轮泵流量脉动大的性能缺陷,提出了基于非圆齿轮变速驱动的脉动平抑方法,结果表明:非圆齿轮变速驱动的高阶椭圆凸轮泵可以实现恒流量输出,平抑齿轮和同步齿轮间的相位角误差是制约流量是否恒定的关键参数。

1.3.2 凸轮泵转子腔内部流动数值计算及优化

目前,国内外学者采用计算流体力学(Computer Fluid Dynamics,CFD)动网格技术,实现了凸轮泵转子腔内部流场的数值计算。Wang 等[21]提出了一种新型圆弧爪型转子轮廓,数值计算了爪型转子对凸轮泵气体压力引起的应力分布的影响规律。Huang 等[22]采用 $k-\varepsilon$ 模型对 3 叶罗茨风机进行了数值模拟,并与半经验公式的结果进行了比较,认为周期函数的幅值变化是由于凸轮泵的 2 个转子啮合过程中接触点位置的变化引起的。Kang 等[23]通过体积计算和流场分析同时考虑了叶型数对凸轮泵的影响,研制了一种新型凸轮泵的转子型线,结果表明,转子表面形状对泵的性能有显著的影响。Kethidi 等[24]进一步研究了湍流模型对双螺杆压缩机局部速度场 CFD 预测的影响。Arjeneh 等[25]测量了螺杆压气机抽吸过程中的局部压力损失,并利用计算结果和基于三维 CFD 计算得出的压气机抽气压降的预测值进行了评价。Del 等[26]提出了一种基于 CFD 方法的简化二维数值方法来研究外齿轮泵的空化效应。刘忠族等[27]利用基于动网格的 CFD 方法对 3 叶型数直叶和螺旋凸轮泵转子腔内部流量脉动特性进行数值分析,结果表明:4 叶型数凸轮转子的流量脉动特性优于 3 叶型数凸轮转子、螺旋凸轮转子及直叶凸轮转子,且对称型的螺旋凸轮转子优于普通螺旋凸轮转子。张锴等[28]利用动网格技术,对微型齿轮泵内部流场进行了非定常数值模拟。吕亚国等[29]利用动网格并引入气穴模型对外啮合齿轮内部两相流动的数值模拟,得到气穴初生于齿轮啮合处,其原因是齿从齿谷中退出时容易形成低压区,使压力低于该温度下工作液的饱和蒸汽压,使工作液发生相变产生了气穴。姜小军[30]基于三维数值模拟的凸轮泵性能特性研究。

1.4 研究思路和主要内容

转子在凸轮泵能量高效转换过程中发挥重要作用,因此合理的转子型线设计及性能预测,对显著提高凸轮泵整机的性能,有效降低凸轮泵的振动及噪声,从而保证凸轮泵运行的性能和安全可靠性至关重要。目前,相比叶片式泵而言,国内外在凸轮泵转子腔内部瞬态流动方面的研究较少,没有形成较为成熟的理论体系和设计方法。近年来,随着 CFD 及其动网格技术的发展，凸轮泵转子腔内部精细流场结构的数值仿真成为可能，从而为凸轮泵内部瞬态流动数值计算提供了新的方法和手段。

首先，本书简要介绍凸轮泵的工作原理、研究方法和研究进展；然后，基于几种凸轮泵转子的型线方程，分别研究转子腔内复杂流动机理及其转子激励力分布、主要几何参数对性能和内部流动的影响、启动特性对转子腔内空化流动的影响、黏油条件下转子腔内部流动及其激励机制；最后，介绍 CFD 动网格的常用软件 PumpLinx 的操作界面和实用技巧，基于 PumpLinx 动网格算例介绍了凸轮泵转子腔内部流动数值仿真的软件操作和设置。

本书主要采用理论分析、数值模拟、外特性实验相结合的研究方法。理论分析方面：基于计算流体动力学、流体机械原理、水力机械流动理论、湍流理论与模拟、涡动力学等理论，研究不同转速、不同压差和不同流量工况下凸轮泵转子腔内部流动结构、流动损失和外特性曲线、空化效应等相关问题；数值模拟方面：基于 Fluent 和 PumpLinx 动网格技术，采用雷诺时均 N－S 方程、RNG $k-\varepsilon$ 湍流模型，对凸轮泵进行内部流场将进行动网格数值分析。外特性实验方面：实验台为闭式实验台，通过实验得到凸轮泵外特性实验曲线，主要包括流量-压差曲线、容积效率-压差曲线及泵空化性能曲线等。

2

凸轮泵转子型线设计理论和参数化设计

转子是凸轮泵实现能量转换的载体,合理的转子型线对于提高凸轮泵的性能至关重要。为了提高凸轮泵的性能和运行可靠性,凸轮泵转子型线必须考虑如下几个因素:具有优良的工作性能指标,即具有较高的容积利用系数和体积;转子型线要有良好的几何对称性,以保证凸轮泵运转平稳,减小噪音;凸轮转子设计系列化、标准化和通用化,具有优良的互换性,以减少设计制造成本。转子型线参数要具有足够的强度;转子易制造,保证制造工艺满足精度要求。本章总结了凸轮泵内外摆线、圆弧线和渐开线转子型线的基本方程及其尺寸关系,比较了内外摆线凸轮泵转子理论型线和实际型线方程的修正方法,提出了抑制转子腔不稳定脉动的高阶曲线方程,推导了凸轮泵转子腔内部几何参数的设计方法。

2.1 凸轮泵转子的基本型线方程

2.1.1 内外摆线转子型线方程

在平面上,一个动圆,即发生圆沿着一条固定的直线(基线)或固定圆(基圆)做纯滚动时,此动圆上的一点形成轨迹称为摆线[14]。凸轮泵的摆线型线就是基于此原理形成的。如图 2.1 所示,半径为 R_b 的滚圆 O_b 沿半径为 R_0 的基圆 O 做纯滚动,滚圆上固定一点 M 的迹线即称为转子的摆线。如果滚圆处于基圆的内侧,此形成的轨迹线称之为内摆线,如图 2.1a 所示;如果滚圆处于基圆的外侧,则称之为外摆线,如图 2.1b 所示。

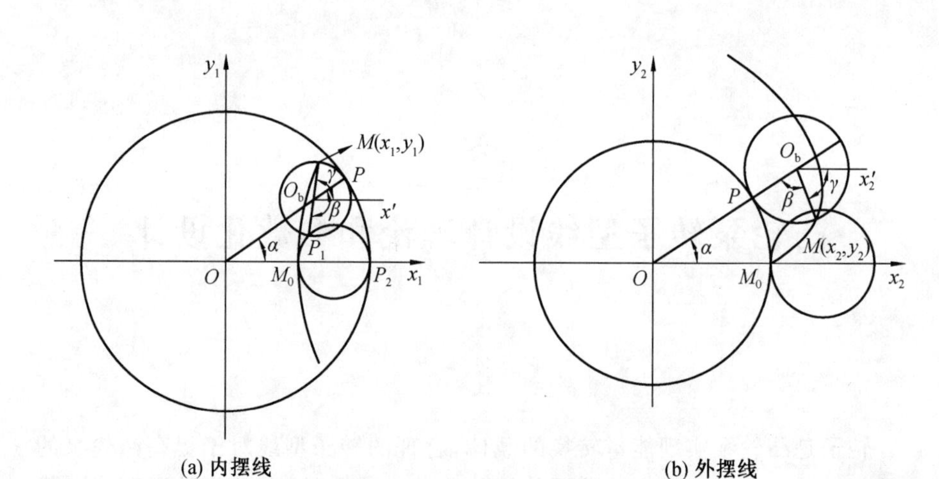

图 2.1　摆线形成原理

(1) 内摆线方程

如图 2.1a 所示，设初始时刻滚圆的圆心 O_b 及摆线的形成点 M_0 在 Ox_1 轴上，滚圆与基圆的切点为 P。滚圆在基圆上的运动为纯滚动，当滚圆的公转角度为 α 时，其自转角度为 β；滚圆与基圆的切点 P 移动到点 P_1，形成点 M_0 移动到点 M 的位置。设 O_bM 与 Ox_1 轴的夹角为 γ，则有 $\angle MO_bx_1=\gamma=\pi+\alpha-\beta$。因为滚圆在基圆上滚过的弧长 PP_2 与滚圆自身转过的弧长 PP_1 相等，即

$$R_0\cdot\alpha=R_b\cdot\beta \tag{2.1}$$

因此有

$$\gamma=\pi+(1-R_0/R_b)\alpha$$

点 M 的坐标轨迹 $M(x_1,\ y_1)$ 的参数方程为

$$x_1=\overline{OO_b}\cdot\cos\angle POx_1+\overline{O_bM}\cdot\cos\angle MO_bx_1'$$

$$y_1=\overline{OO_b}\cdot\sin\angle POx_1+\overline{O_bM}\cdot\sin\angle MO_bx_1'$$

经过整理得到

$$\begin{cases}x_1=(R_0-R_b)\cos\alpha-R_b\cdot\cos[(1-R_0/R_b)\alpha]\\ y_1=(R_0-R_b)\sin\alpha-R_b\cdot\sin[(1-R_0/R_b)\alpha]\end{cases} \tag{2.2}$$

(2) 外摆线方程

如图 2.1b 所示，设初始时刻，形成点 M_0 与滚圆和基圆的切点重合。滚圆在基圆上的运动为纯滚动，当滚圆的公转角度为 α 时，其自转角度为 β；滚圆的形成点 M_0 移动到点 M。

设 O_bM 与 Ox_2 轴的夹角为 γ，则有 $\angle MO'_{b2}=\gamma=\pi-\alpha-\beta$。因为滚圆在

基圆滚过的弧长 PM_0 与滚圆自身转过的弧长 PM 相等，即

$$R_0 \cdot \alpha = R_b \cdot \beta \tag{2.3}$$

因此有

$$\gamma = \pi - (1 + R_0 / R_b)\alpha$$

点 M 的坐标轨迹 $M(x_2, y_2)$ 的参数方程为

$$x_2 = \overline{OO_b} \cdot \cos\angle POx_2 + \overline{O_b M} \cdot \cos\angle MO_b x_2'$$

$$y_2 = \overline{OO_b} \cdot \sin\angle POx_2 + \overline{O_b M} \cdot \sin\angle MO_b x_2'$$

经过整理得到

$$\begin{cases} x_2 = (R_0 + R_b)\cos\alpha - R_b \cdot \cos[(1 + R_0/R_b)\alpha] \\ y_2 = (R_0 + R_b)\sin\alpha - R_b \cdot \sin[(1 + R_0/R_b)\alpha] \end{cases} \tag{2.4}$$

(3) 内外摆线的基本尺寸关系

如图 2.2 和图 2.3 所示，内外摆线型线由内外 2 种摆线及高阶过渡曲线组成。其中叶顶 AB 段为外摆线，叶谷 CD 段为内摆线，高阶过渡曲线 BC 段，叶峰位于节圆以外，叶谷位于节圆以内，高阶过渡曲线使内外摆线过渡得更加平缓，使得转子啮合时不易出现尖点。内外摆线均以节圆为基圆，即基圆半径 R_0 与节圆半径 R 相等。摆线的叶峰与叶谷拥有相同的滚圆半径 R_b[31]。

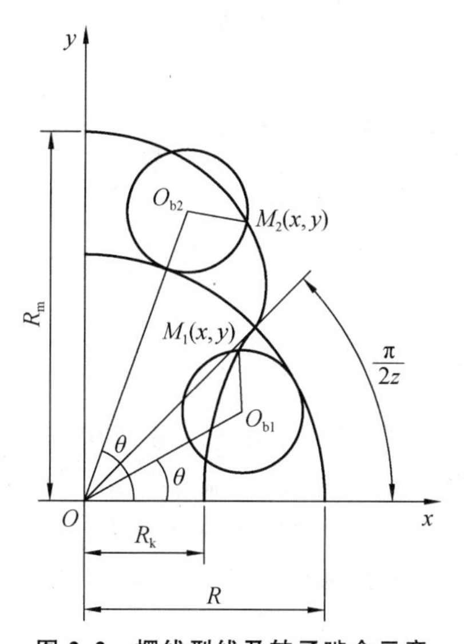

图 2.2　摆线型线及转子啮合示意

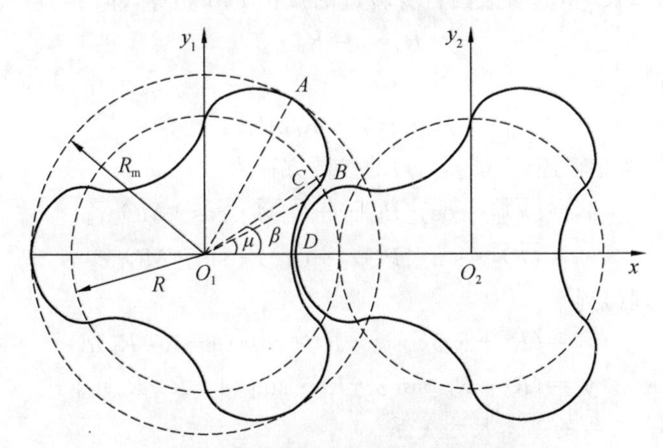

图 2.3　摆线型线及转子啮合示意

转子滚圆半径 R_b、基圆半径 R_0 及转子叶型数 z 之间有如下的关系：

$$R_0 = 2z \cdot R_b \tag{2.5}$$

转子的叶顶半径 R_m、叶根半径 R_k 与基圆半径 R_0、滚圆半径 R_b 之间的关系为

$$R_m = R_0 + 2R_b = 2(z+1)R_b \tag{2.6}$$

$$R_k = R_0 - 2R_b = 2(z+1)R_b \tag{2.7}$$

变换上式后有如下结果：

$$R_0 = \frac{z \cdot R_m}{z+1};\ R_k = \frac{(z-1) \cdot R_m}{z+1};\ R_b = \frac{R_m}{2(z+1)};\ \frac{R_m}{R_0} = \frac{z+1}{z}$$

当叶片数 $z=3$ 时，代入上式可得

$$R_0 = \frac{3R_m}{4}, R_k = \frac{2R_m}{4}, R_b = \frac{R_m}{8}, \frac{R_m}{R_0} = \frac{4}{3}$$

2.1.2　圆弧转子型线方程

圆弧型凸轮泵转子型线多用于输送固液两相流和气液两相流介质。圆弧型线中包括外圆弧加包络线型、内圆弧加包络线型和内外圆弧加摆线型。3 叶型数圆弧型线在工作可靠性和噪声等性能方面表现较好[32,33]。以外圆弧加包络线型为例，转子型线如图 2.4 所示，其中叶峰为圆弧段 AB，叶谷为圆弧包络线 BC。

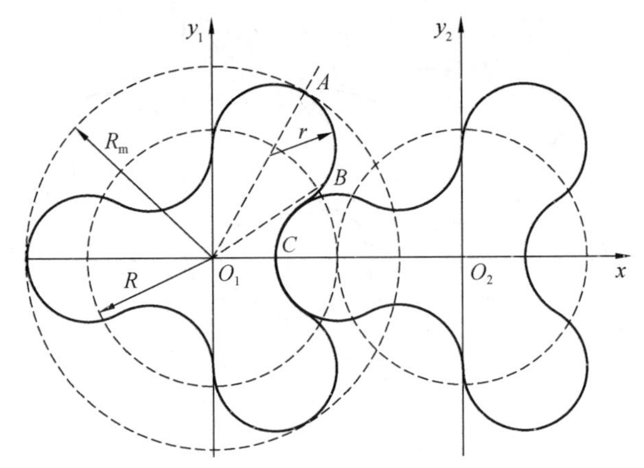

图 2.4　圆弧凸轮转子啮合示意

圆弧段 AB 参数方程：

$$\left(x-b\cdot\cos\frac{\pi}{z}\right)^2+\left(y-b\cdot\cos\frac{\pi}{z}\right)^2=r^2 \tag{2.8}$$

式中：$a\cdot\sin\frac{\pi}{2z}\leqslant y\leqslant R_m\cdot\sin\frac{\pi}{z}$；$b$ 为节圆圆心到叶峰圆心距离；r 为叶峰圆半径；z 为转子叶型数。

BC 段为圆弧包络线段，因为叶谷圆弧包络线与叶顶圆在转动中相对应，所以引入转动角 α，当 O_1 顺时针转动角为 α 时，对应一个 β 值，满足以下条件：

$$\begin{cases}\sin\beta=\dfrac{b\cdot\sin 2\alpha-a\cdot\sin\alpha}{\sqrt{a^2+b^2-2a\cdot b\cdot\cos\alpha}}\\ \cos\beta=\dfrac{b\cdot\cos\alpha-a\cdot\cos 2\alpha}{\sqrt{a^2+b^2-2a\cdot b\cdot\cos\alpha}}\end{cases}$$

得出 BC 段参数方程：

$$\begin{cases}x=2a\cdot\cos\alpha-b\cdot\cos 2\alpha-r_2\cdot\cos\beta\\ y=2a\cdot\sin\alpha-b\cdot\sin 2\alpha-r_2\cdot\sin\beta\end{cases} \tag{2.9}$$

其中，$0\leqslant\alpha\leqslant\pi/(2z)$。

2.1.3　渐开线转子型线方程

渐开线型转子型线应用广泛，在罗茨泵或凸轮泵中渐开线型线具有较高的容积利用率和较好的密封性能[34,35]。如图 2.5 所示，渐开线凸轮转子型线由圆弧-渐开线-圆弧包络线组成，其中 AB 段为齿顶圆弧段，BC 段为渐开线段，CD 段齿根圆弧包络线段。

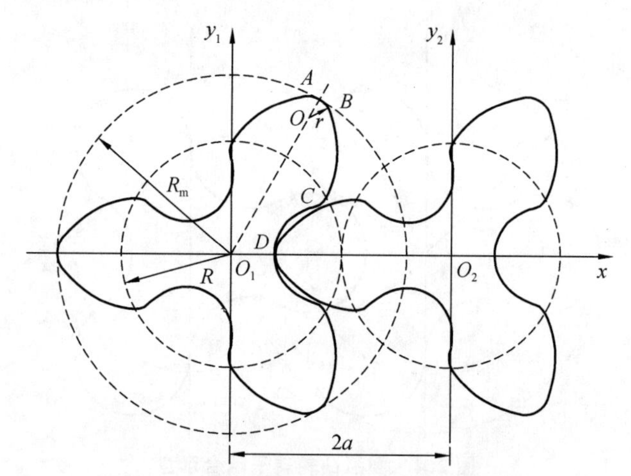

图 2.5 3叶型数渐开线凸轮转子啮合示意

(1) 齿顶圆弧 AB 段

$$\begin{cases} x_1=(R_m-r)\cos 60°+r\cos\alpha \\ y_1=(R_m-r)\sin 60°+r\sin\alpha \end{cases} \quad 0\leqslant\alpha\leqslant 60° \tag{2.10}$$

式中:α 为角度参数;R_m 为转子外圆半径;r 为齿顶圆半径。

(2) 渐开线 BC 段

$$\begin{cases} x_2=r_0[\cos\alpha+(\alpha-\theta)\sin\alpha] \\ y_2=r_0[\sin\alpha+(\alpha-\theta)\cos\alpha] \\ z_2=0 \end{cases} \quad 40°\leqslant\alpha\leqslant 125° \tag{2.11}$$

式中:β 为转子压力角,本书取 25°;r_0 为渐开线基圆半径,即 $r_0=a\cos\beta$;$2a$ 为转子中心距;θ 为渐开线起始位置对应角度。

(3) 圆弧包络线 CD 段

$$\begin{cases} x_3=-(R_m-r)\cos k\varphi-r\cos(\alpha+k\varphi)+2a\cos i\varphi \\ y_3=-(R_m-r)\sin k\varphi-r\sin(\alpha+k\varphi)+2a\sin i\varphi \end{cases} \quad 40°\leqslant\alpha\leqslant 45° \tag{2.12}$$

其中包络条件为

$$\varphi=\arcsin\left[\frac{k(L-r)}{A}\sin\alpha\right]-\alpha \tag{2.13}$$

式中:i 为传动比;$k=i+1$。

圆弧包络线方程可由式(2.12)和式(2.13)求得。

2.2 凸轮泵转子的理论型线方程与实际型线方程

2.2.1 理论型线方程

凸轮泵转子同步反向旋转时,2 个转子间和转子与腔壁之间都不存在间隙称为理论型线。以摆线为例分别介绍 2 种型线及其方程。

(1) 内摆线理论型线方程

设基圆和滚圆的连心线与 Ox 轴的夹角为 θ,如图 2.2 所示。与图 2.1a 相比较,坐标系 xOy 与 x_1Oy_1 重合,即 $\alpha=\theta$。经整理得到内摆线理论型线方程:

$$\begin{cases} x=x_1=\dfrac{(2z-1)R_m}{2(z+1)}\cos\theta-\dfrac{R_m}{2(z+1)}\cos[(1-2z)\theta] \\ y=y_1=\dfrac{(2z-1)R_m}{2(z+1)}\sin\theta-\dfrac{R_m}{2(z+1)}\sin[(1-2z)\theta] \end{cases} \tag{2.14}$$

式中:θ 的取值范围为 $\pi/(2z)\leqslant\theta\leqslant\pi/z$。

(2) 外摆线理论型线方程

图 2.2 与图 2.1b 相比较,坐标系 x_2Oy_2 沿顺时针方向旋转 $\pi/(2z)$,其摆线正好和坐标系 xOy 中的摆线重合,有 $\alpha=\theta-\pi/(2z)$。根据式(2.4)及坐标旋转关系,可以得到外摆线理论型线方程:

$$\begin{cases} x=\dfrac{(2z+1)R_m}{2(z+1)}\cos\theta+\dfrac{2}{2(z+1)}\cos[(1+2z)\theta] \\ y=\dfrac{(2z+1)R_m}{2(z+1)}\sin\theta+\dfrac{2}{2(z+1)}\sin[(1+2z)\theta] \end{cases} \tag{2.15}$$

式中:θ 的范围为 $0\leqslant\theta\leqslant\pi/(2z)$。

2.2.2 实际型线方程

为了保证凸轮泵的转子能够安全装配及满足实际工况要求的目的,需要对理论型线进行修正以保证其工作性能要求,修正后的型线使得 2 个转子间和转子与腔壁之间存在合理的间隙,修正后的轮廓线称为实际型线,实际生产过程主要应用实际转子型线方程。

如图 2.6 所示,实际型线是基于理论型线的基础上,将转子横断面沿转子径向方向均匀缩小而形成的。当 2 个转子之间的间隙为 δ 时,转子横断面沿转子径向方向缩小量为 $\delta/2$。

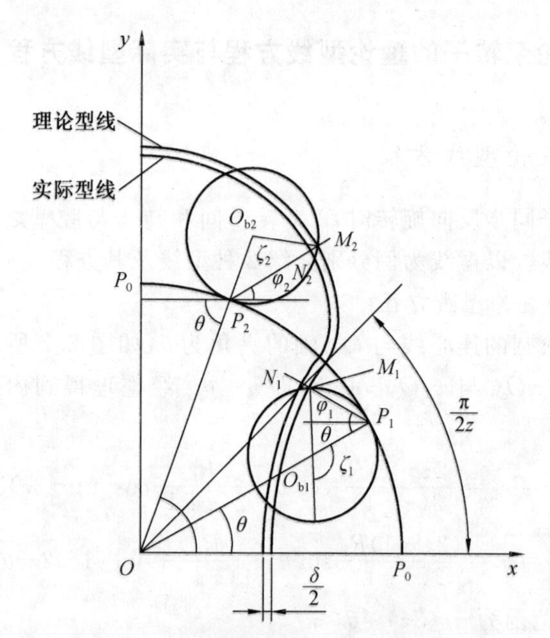

图 2.6　摆线转子的实际型线示意

滚圆与节圆在坐标系 xOy 中的切点 P 的坐标为 $P(x, y)$，则有

$$x_P=\frac{z\cdot R_{\mathrm{m}}}{z+1}\cos\theta,\ y_P=\frac{z\cdot R_{\mathrm{m}}}{z+1}\sin\theta \tag{2.16}$$

式中：θ 的范围为 $0\leqslant\theta\leqslant\pi/z$。

(1) 内摆线的实际型线方程

当直线 O_1P 与 Ox 轴成角 θ 时，设内摆线的法线 P_1M_1 与水平方向夹角为 φ，因为滚圆在基圆滚过的弧长与滚圆自身转过的弧长相等，所以有

$$\zeta_1=2(\varphi_1+\theta),R_0=2z\cdot R_{\mathrm{b}}$$

从而得出

$$\varphi_1=\frac{\zeta_1}{2}-\theta=\left(\frac{R_0}{2R_{\mathrm{b}}}-1\right)\theta=\frac{R_{\mathrm{m}}}{z+1}\cos(z\cdot\theta) \tag{2.17}$$

点 M_1 在理论型线上，点 N_1 为 P_1M_1 与实际型线的交点，则

$$\overline{P_1M_1}=2R_{\mathrm{b}}\cdot\cos(\varphi_1+\theta)=\frac{R_{\mathrm{m}}}{1+1}\cos(z\cdot\theta)$$

$$\overline{M_1N_1}=\frac{\delta}{2}$$

因此，可以得出转子的内摆线实际型线方程(即点 N_1 的轨迹方程)：

$$\begin{cases} x_n = \dfrac{R_m}{2(z+1)}\{(2z-1)\cos\theta - \cos[(2z-1)\theta]\} - \dfrac{\delta}{2}\cos[(z-1)\theta] \\ y_n = \dfrac{R_m}{2(z+1)}\{(2z-1)\sin\theta - \sin[(2z-1)\theta]\} - \dfrac{\delta}{2}\sin[(z-1)\theta] \end{cases} \tag{2.18}$$

式中：θ 的范围为 $0 \leqslant \theta \leqslant \pi/(2z)$。

(2) 外摆线的实际型线方程

当直线 OP_2 与 Ox 轴成角 θ 时，设内摆线的法线 P_2M_2 与水平方向夹角为 φ_2。因为滚圆在基圆滚过的弧长与滚圆自身转过的弧长相等，所以有

$$\zeta_2 \cdot R_b = R_0\left(\theta - \frac{\pi}{2z}\right), \theta = \varphi_2 + \frac{\pi - \zeta_2}{2}$$

从而得出

$$\varphi_2 = \left(1 + \frac{R_0}{2R_b}\right)\theta - \frac{\pi}{2}\left(1 + \frac{R_0}{2z \cdot R_b}\right) = (z+1)\theta - \pi \tag{2.19}$$

点 M_2 在理论型线上，点 N_2 为 P_2M_2 与实际型线的交点，则

$$\overline{P_2M_2} = 2R_b \cdot \cos(\theta - \varphi_2) = -\frac{R_m}{z+1}\cos(z \cdot \theta)$$

$$\overline{M_2N_2} = \delta/2$$

因此，可以得出转子的外摆线实际型线方程，即点 N_2 的轨迹方程：

$$\begin{cases} x_n = \dfrac{R_m}{2(z+1)}\{(2z+1)\cos\theta + \cos[(2z+1)\theta]\} + \dfrac{\delta}{2}\cos[(z+1)\theta] \\ y_n = \dfrac{R_m}{2(z+1)}\{(2z+1)\sin\theta + \sin[(2z+1)\theta]\} + \dfrac{\delta}{2}\sin[(z+1)\theta] \end{cases} \tag{2.20}$$

式中：θ 的范围为 $0 \leqslant \theta \leqslant \pi/(2z)$。

2.3 凸轮泵转子型线优化方法

2.3.1 高阶曲线方程的型线过渡方法

凸轮泵转子型线不是一条光滑的曲线，在两段曲线的衔接处容易产生"尖点"，使凸轮泵转子旋转过程中产生较大的流量脉动和压力脉动，为了抑制由于曲线不光滑产生不稳定脉动特性，本章提出采用高阶拟合曲线使内外摆线凸轮泵转子型线光滑过渡。凸轮泵转子以 3 叶型数外摆线-高阶曲线-内摆线型线为例，如图 2.7 所示，AB 段为外摆线，BC 为高阶曲线，CD 段为内摆线，叶顶半径为 R_m，z 为叶片数，假设基圆与滚圆的连心线与 x 轴的夹角为 θ，

其中 AB 段和 CD 段型线方程分别为

$$\begin{cases} x=\dfrac{(2z+1)R_{\mathrm{m}}}{2(z+1)}\cos\theta+\dfrac{R_{\mathrm{m}}}{2(z+1)}\cos[(1+2z)\theta] \\ y=\dfrac{(2z+1)R_{\mathrm{m}}}{2(z+1)}\sin\theta+\dfrac{R_{\mathrm{m}}}{2(z+1)}\sin[(1+2z)\theta] \end{cases} \tag{2.21}$$

式中：$0\leqslant\theta\leqslant\pi/(2z)$

$$\begin{cases} x=\dfrac{(2z-1)R_{\mathrm{m}}}{2(z+1)}\cos\theta+\dfrac{R_{\mathrm{m}}}{2(z+1)}\cos[(1-2z)\theta] \\ y=\dfrac{(2z-1)R_{\mathrm{m}}}{2(z+1)}\sin\theta+\dfrac{R_{\mathrm{m}}}{2(z+1)}\sin[(1-2z)\theta] \end{cases} \tag{2.22}$$

式中：$\pi/(2z)\leqslant\theta\leqslant\pi/z$。

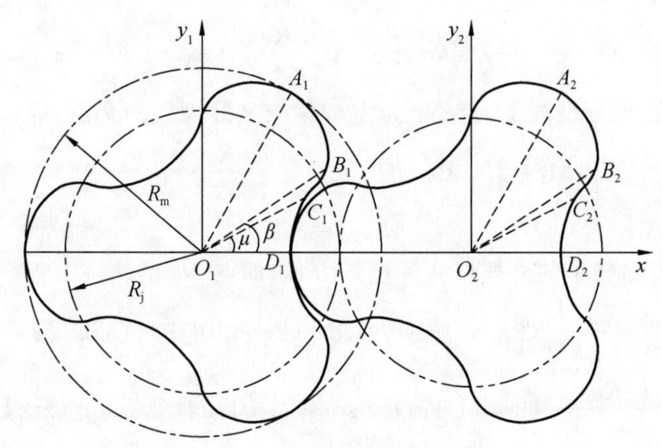

图 2.7　凸轮泵转子齿廓示意

高阶曲线 BC 的表达式为

$$\rho(\varphi)=a_0+a_1\varphi+a_2\varphi^2+a_3\varphi^3+a_4\varphi^4+a_5\varphi^5+a_6\varphi^6 \tag{2.23}$$

定义：① $v(\varphi)=\dfrac{\mathrm{d}\rho}{\mathrm{d}\varphi}$为度速度，体现叶片的径向速度。

② $a(\varphi)=\dfrac{\mathrm{d}^2\rho}{\mathrm{d}\varphi^2}$为度加速度，影响叶片的径向惯性力。

③ $J(\varphi)=\dfrac{\mathrm{d}^3\rho}{\mathrm{d}\varphi^3}$为度跳动，主要反映曲线振动作用及影响噪音大小。

在式(2-23)中，$a_0\sim a_6$ 为设计变量，为了能够使曲线光滑且度跳动指标趋于极小，同时兼顾加速度等指标，通过以下方程进行优化：

$$\min W_1|J_{\max}|+\max W_2|a_{\max}| \tag{2.24}$$

式中：$J_{\max}$ 为最大跳动值；$a_{\max}$ 为 $a_0\sim a_6$ 的最大值；W_1，W_2 为加权因子。

根据图 2.7 的几何性质，给出以下边界约束条件：

$$\begin{cases}\rho(0)=\overline{OB} \\ \rho(\beta-\mu)=\overline{OC} \\ v(0)=v(\beta-\mu)=a(\beta-\mu)=a(0)=J(\beta-\mu)=J(0)=0\end{cases} \tag{2.25}$$

根据上式边界约束条件通过计算机软件编程计算获得最优解，导入 Matlab 软件中，最终获得高阶曲线的数学表达式。

2.3.2　凸轮泵渐变转子腔型线优化方法

转子型线的优劣是影响凸轮泵转子腔内流动特性的主要因素，转子腔内壁面型线也对转子腔内部流动结构有一定影响。凸轮泵转子腔内壁为圆弧型壁面，本章提出一种渐变间隙结构的转子腔内壁面型线修正方法，从而显著降低凸轮泵转子腔内部流量脉动，抑制凸轮泵转子的径向激励力，如图 2.8 所示。

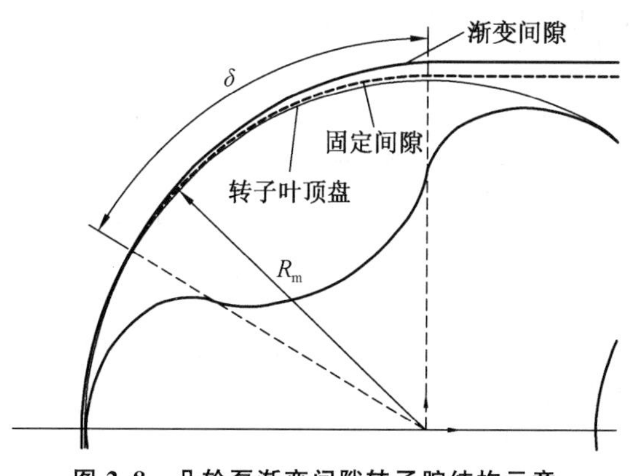

图 2.8　凸轮泵渐变间隙转子腔结构示意

由于实际型线小于理论值，在实际型线与腔壁间形成间隙。由圆弧转壁与实际型线形成的间隙为固定间隙。基于一种固定间隙提出一种渐变间隙结构，渐变间隙值由方程控制，渐变间隙随渐变角度的增加而增大。在渐变间隙开始段，渐变间隙与固定间隙相同，此时的渐变量为 0。固定间隙值为一个固定值；在渐变间隙中，渐变间隙值是固定间隙值与渐变量的总和。本章设置的渐变角度为 60°，渐变间隙的数学方程如下：

$$\begin{cases}x=R\cdot\cos(30°+t\cdot\delta) \\ y=R\cdot\sin(30°+t\cdot\delta)\end{cases} \tag{2.26}$$

以渐变量取值 0.1 mm 为例。其中，$0\leqslant\delta\leqslant\pi/3$，$r_d=r+r_g$，$r$ 为 0.2 mm，

$0 \leqslant r_g \leqslant 0.1$ mm,t 为渐变系数,其取值范围为[0,1]。

2.4 凸轮泵主要几何参数设计方法

2.4.1 凸轮泵的排量及流量计算

(1) 凸轮泵的容积利用系数

凸轮泵转子旋转一周,转子长轴扫过圆柱的体积 $V=\pi R_m^2 \cdot L=S_0 \cdot L$,若转子的体积为 V_z,则凸轮泵的容积利用系数 λ_r 为

$$\lambda_r=\frac{V-V_z}{V}=\frac{S_0 \cdot L-S \cdot L}{S \cdot L}=\frac{S_0}{S}=\lambda \tag{2.27}$$

式中:L 为转子宽度,mm;S_0 为叶顶圆半径扫过的面积,mm^2;λ 为转子型线的面积利用系数。

从式(2.27)可知,转子的容积利用系数等于转子型线的面积利用系数。所以,在转子设计计算中,可用转子型线的面积利用系数 λ 代替转子的容积利用系数 λ_r 进行计算。

(2) 凸轮泵的排量计算

凸轮泵的传动轴每转过一周,按几何尺寸计算所得到的排出液体的容积,称为凸轮泵的排量,排量的大小对凸轮泵的性能有直接的影响。

$$q=\frac{1}{2}\lambda \cdot \pi D^2 \cdot L \tag{2.28}$$

式中:q 为凸轮泵的排量,mm^3/r;L 为转子的宽度,mm;λ 为转子的面积利用系数;D 为转子的最大直径,即长轴半径,mm。

(3) 凸轮泵的流量计算

凸轮泵的流量为单位时间内凸轮泵排出流体介质的体积。计算公式如下:

$$Q=qn\eta_V \times 10^{-6}=\frac{1}{2}\lambda\pi D^2 Ln\eta_V \times 10^{-6} \tag{2.29}$$

式中:Q 为凸轮泵的流量,L/min;q 为凸轮泵的排量,m^3/r;n 为凸轮泵的转速,r/min;η_V 为凸轮泵的容积效率,%。

2.4.2 凸轮泵的间隙设计

凸轮泵转子理论型线中 2 个转子之间相互啮合,凸轮泵转子之间相互接触,2 个转子之间、转子与转子腔之间均不存在间隙。但是,实际工作中为保证 2 个转子正常运转,转子型线均采用实际型线。转子实际型线中 2 个转子

之间及转子与转子腔之间需保证具有一定的间隙。间隙的存在及间隙值的大小直接影响凸轮泵的效率与运行可靠性。若考虑效率因素，间隙直接影响凸轮泵高低区之间的内泄漏量，间隙越小则内泄漏量越少，凸轮泵的效率越高；若考虑可靠性因素，合理的间隙可以避免转子间及转子与转子腔之间的咬合与干涉。因此，转子的间隙值是凸轮泵转子型线设计的重要参数之一。在设计实际转子型线时，主要考虑转子的静态间隙。静态间隙的取值受到很多因素的影响，如凸轮泵的容积效率、制造工艺水平、输送介质的种类及介质的温度等，静态间隙的初始值一般设计为 $\delta=0.17\sim0.44$ mm，具体尺寸按照内泄漏量分析确定。同时，确定转子间隙时还应考虑转子所受径向激励力的数值。

2.4.3 凸轮泵的最大半径设计

由式(2.28)和式(2.29)联立求解可得：

$$D=\sqrt{\frac{2Q\times10^{6}}{\lambda\pi Ln\eta_{V}}} \tag{2.30}$$

式中：Q 为凸轮泵的流量，L/min；η_V 为凸轮泵的容积效率，取值范围为 0.7～0.9；n 为凸轮泵的转速，r/min；λ 为面积利用系数；D 为转子的最大直径，mm。

由 $D=2R_m$，其中 R_m 为转子叶顶圆半径。在式(2.30)两边分别乘以 R_m，通过整理得

$$R_m=\sqrt[3]{\frac{Q\times10^{6}}{2\pi\lambda\eta_{V}n\dfrac{L}{R_m}}} \tag{2.31}$$

式中：$\dfrac{L}{R_m}$ 为转子宽度与转子叶顶圆半径的比值，其取值范围为 0.6～0.9。

2.4.4 凸轮泵转子型线的参数化设计

基于凸轮泵转子型线方程，在 Pro/Engineering 环境下，通过输入各段曲线的数学方程生成各段曲线，然后通过阵列最终形成封闭曲线。图 2.9 为摆线型凸轮泵转子型线的剖面视图。首先，确定凸轮泵转子型线所需要的各种几何参数。内外摆线凸轮转子型线的几何参数包括：转子叶顶圆半径 R_m、基圆半径 R、滚圆半径 R_b、转子间隙 δ 和转子叶型数 z。然后，根据理论型线方程分别编程得到内外摆线凸轮泵转子型线的曲线方程。

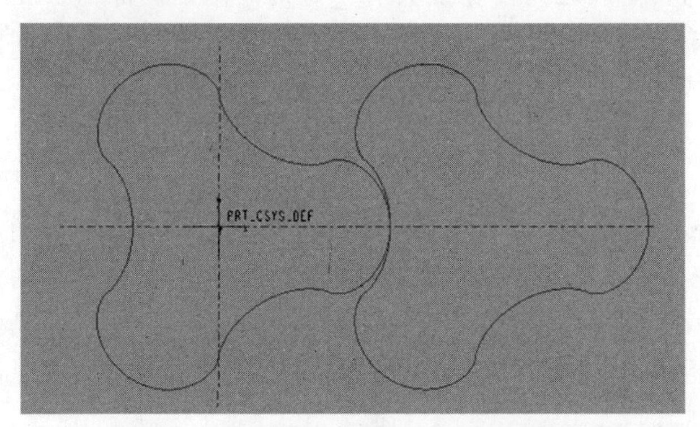

图 2.9　摆线型凸轮泵转子型线剖视图

2.5　小结

① 本章总结了凸轮泵内外摆线、圆弧线和渐开线转子型线的基本方程及其尺寸关系，比较了凸轮泵转子理论型线和实际型线方程的修正方法。

② 为了抑制由于曲线不光滑产生不稳定脉动特性，本章提出了一种高阶拟合曲线方程，即凸轮泵转子采用外摆线-高阶曲线-内摆线型线的组合方程，使内外摆线凸轮泵转子型线过渡光滑，降低了凸轮泵转子腔内部流量脉动的不稳定波峰现象。

③ 本章推导了凸轮泵转子腔内部的流量计算方法、容积利用系数和转子最大半径设计计算方法，重点介绍了转子型线参数化设计的思路和方法。基于 Matlab 实现凸轮泵转子型线的参数化设计，提高凸轮泵转子型线设计和建模的精度。

3 凸轮泵内部流动数值解析理论及方法

鉴于凸轮泵转子腔内部流场的复杂性，实验可视化方法难以准确测量凸轮泵内部流动规律的精细特征，因此CFD数值模拟已成为研究凸轮泵内部非定常流动计算的主要手段和方法。本章首先建立凸轮泵转子腔内部流动数值计算方法，主要包括流动控制方程和求解方法、数值求解方法、湍流模型、空化模型和定解条件等[36-38]。其次，介绍了动网格流场模型、动网格重构算法及动网格更新模型和运动区域的设置方法。最后，基于动网格模型中的DEFINE宏定义，给出了动网格求解的用户自定义函数(UDF)编程方法。

3.1 流动控制方程与求解方法

3.1.1 流动控制方程

CFD数值计算的基本思路为：将求解域用有限网格代替，在整个计算域内将连续函数的所有点进行离散化，形成所有离散点上的函数值，将控制方程的偏微分形式转化为离散形式，然后求解离散方程，得到有限个离散点上的计算数据。离散格式是一种数值算法，其实质是将数值点的差分取代偏分方程中导数或偏导。这是数值计算的第一步，对于计算结果比较重要，其做法是对流体控制方程在生成网格的基础上进行数值离散，而生成网格方法首先将空间连续的计算域进行划分，确定多个子区域中的节点。CFD工作流程如图3.1所示。

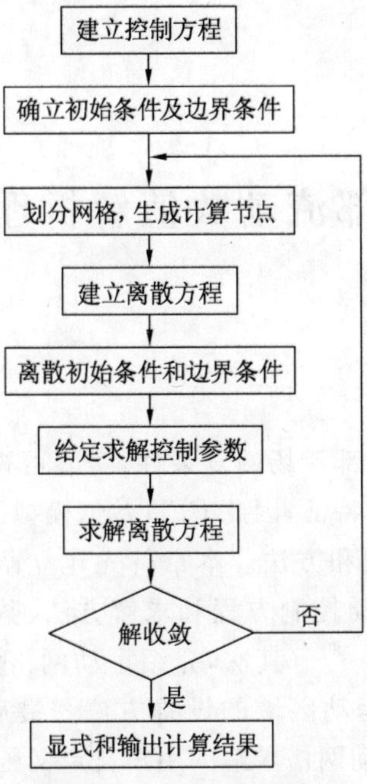

图 3.1　CFD 工作流程

(1) 连续性方程

凸轮泵转子腔内部流动为复杂的三维黏性不可压缩湍流问题，转子腔内部流动的质量守恒方程即连续性方程，是流体运动所应遵循的基本定律之一。连续性方程的守恒形式为

$$\frac{\partial \rho}{\partial t}+\nabla \cdot (\rho \boldsymbol{v})=0 \tag{3.1}$$

式中：ρ 为流体密度，kg/m^3；t 为时间，s；$\boldsymbol{v}$ 为速度矢量，m/s。

(2) 动量方程

N－S 方程是动量方程的缩写，是流体运动所遵循的另一个基本规律，其实质是一定流体系统中动量变化率等于作用于其上的外力总和。动量方程表示为

$$\rho \frac{\mathrm{D}v}{\mathrm{D}t}=-\nabla P+\nabla (\frac{2}{3}\mu \nabla \cdot \boldsymbol{v})+\nabla \cdot (2\mu S)+\rho f \tag{3.2}$$

式中：ρ 为流体密度；P 为二阶应力张量；μ 为动力黏度；S 为变形率张量；f 为作用在单位质量流体上的体积力。

3.1.2 湍流数值求解方法

凸轮泵转子腔内部三维流动属于复杂的不可压缩三维黏性湍流流动问题，目前无法直接求解湍流控制方程。工程上通常将瞬态 N－S 方程时均化，并补充反映湍流模型的方程，组成封闭的控制方程组进行求解。湍流模型的数值求解方法主要有 3 种：DNS 直接数值模拟、RANS 雷诺时均法和 LES 大涡模拟。图 3.2 为湍流模型示意图。

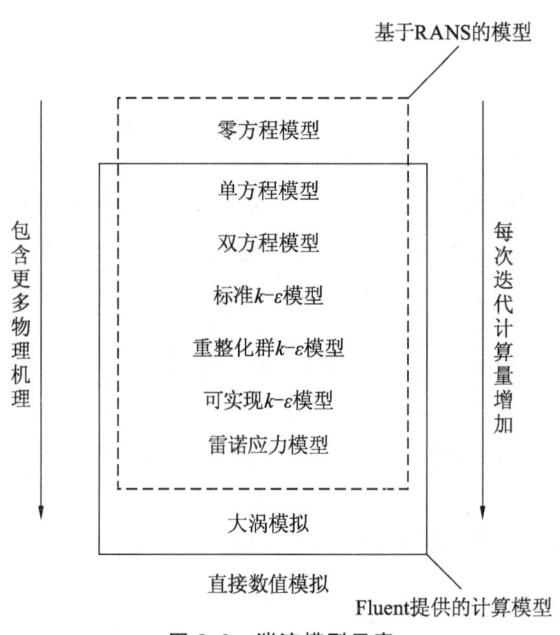

图 3.2 湍流模型示意

(1) DNS 直接数值模拟

DNS 直接数值模拟方法直接用瞬态 N－S 方程对湍流问题进行数值计算。该方法最大的好处是无需对湍流流动做任何简化或近似，理论上可以得到相对准确的计算结果。但是直接模拟湍流流动，一方面计算区域的尺寸应大到足以包含最大尺度的涡，然而目前计算机能力所允许的计算网格尺度仍比最小涡尺度大得多，即使计算网格足够小，根据计算机的运行速度，直接求解湍流 N－S 方程所需时间仍然无法接受。直接数值模拟无法用于实际工程计算，目前仅限于计算较低的雷诺数和具有简单几何边界条件的简单流动问题[39]。

(2) LES 大涡模拟

LES 大涡模拟方法的基本思想:通过瞬态 N-S 方程直接计算出比网格尺度大的湍流,小尺度涡对大尺度涡运动的影响通过一定的模型在瞬态 N-S 方程中体现。建立数学滤波函数和建立亚格子尺度模型是大涡模拟的 2 个重要步骤。滤波函数可以滤掉小尺度涡,分解大涡流场运动方程,建立亚格子尺度模型可以将小涡对大涡运动的影响滤掉。需要说明的是,LES 是介于 DNS 和 RANS 之间的一种湍流数值模拟方法,其对计算机硬件的要求低于 DNS 方法,所以 LES 大涡模拟已成为 CFD 研究的热点问题[40-44]。

(3) RANS 雷诺时均法

RANS 雷诺时均法是最适合工程应用的一种方法,由于湍流引起的平均流场变化很难用瞬态 N-S 方程描述,这对工程没有任何实际意义。采用时均化的 Reynold 方程方法,而不直接求解瞬态 N-S 方程。这样既可以避免 DNS 方法中计算量超大的难点[45-47],同时还可满足工程实际的需要。

雷诺 N-S 时均方程,即 Reynold 方程:

$$\frac{\partial(\rho u_i)}{\partial t}+\frac{\partial(\rho u_i u_j)}{\partial x_j}=-\frac{\partial p}{\partial x_i}+\frac{\partial \sigma_{ij}}{\partial x_j}+\frac{\partial(-\rho u_i' u_j')}{\partial x_j} \tag{3.3}$$

式中:$-\rho u_i' u_j'$ 称为湍流应力或 Reynold 应力;ρ 为密度;p 为压强;u_i' 为脉动速度;σ_{ij} 为应力张量分量。

根据对雷诺应力求解方法不同,RANS 雷诺时均法分为 Reynold 应力方程法和湍流黏性系数法。其中 Reynold 应力方程法包含代数应力方程模型和 Reynold 应力方程模型;湍流黏性系数法包含零方程模型、一方程模型和双方程模型。

目前,雷诺时均 N-S 方程方法的计算量小,能够快速、经济地给出预测结果,但其普适性差,尤其对大曲率分离流动、叶栅角区二次流和跨尺度旋转间隙流等非定常湍流问题难以给出令人满意的结果。LES 大涡模拟十分适合大尺度叶栅分离涡的研究且可以减小计算量,但其对网格要求极高。RANS/LES 混合方法结合了 RANS 与 LES 方法各自的优点,能在较小的计算量下较为准确地模拟复杂流动问题,使得其近年来已成为湍流模型研究的热点。近年来,基于 RANS/LES 混合方法产生了几类高精度混合 RANS/LES 湍流模型[48,49]:DES 模型、DDES 模型和 IDDES 模型[50,51]。

3.1.3 求解流动问题的计算模型

建立描述凸轮泵计算域的控制方程后,还要形成所求解流动问题的计算模型,主要包括计算模式、计算域的数值离散方法、空间离散格式、时间域离散格式、时间积分步长、流场数值算法、几何模型、计算网格、定解条件、滑移网格等。

(1) 计算模式

计算模式即凸轮泵内部流场是定常或非定常、单相流或多相流、流体是否考虑黏性、是否考虑温度变化等。对于凸轮泵的快速启停过程、空化初生和演化过程，以及压力脉动特性，均采用动网格流动数值分析方法，即需要考虑时间因素和空间坐标位置的影响。对于稳态工况下凸轮泵内部流动分析，一般只需定常计算，即在控制方程中不考虑时间项，从而大幅度减小计算量。

(2) 离散方法及离散格式

计算域的数值离散方法是指变量在离散节点之间的分布假设及相应推导离散方程的方法。常用的方法包括有限差分法、有限元法和有限元体积法，近年来使用最广泛的是有限体积法。Fluent、STAR - CD 和 CFX 都是常用的基于有限体积法的商用软件，它们在流动、传热传质、燃烧和辐射等方面应用广泛。

(3) 数值算法

流场数值算法本质上是指离散方程组的解法，主要有耦合式解法和分离式解法。一种常用的分离式解法是基于原始变量模式的压力修正算法，即 SIMPLE 算法，意为求解压力耦合方程组的半隐式方法。此外，还有改进的 SIMPLE 算法、SIMPLEC 算法及 PISO 算法等。

(4) 计算模型和网格划分

凸轮泵计算模型包含进口段、转子部分及出口段等计算区域，其中转子部分结构较为复杂，需要借助于具有强大的 3D 设计功能的设计软件 Pro/Engineering 来完成三维实体的造型。整体网格采用 ICEM CFD 网格生成软件，根据各部分结构分别进行网格划分。为了更好地捕捉流场的细微流动结构变化规律，根据需要可对凸轮泵转子部分流域进行局部加密。转子泵整体计算流域采用六面体结构网格，以减少网格数量，从而减少计算量。通过网格无关性检查，确定用于数值计算的网格数。

(5) 定解条件

边界条件是求解任何物理问题都必须设定的，常用的有速度进口、压力进口、壁面、出口等。选择正确的边界条件是得到正确计算结果的关键。看似简单，但准确给定复杂问题的边界条件并不是一件容易的事，需要通过积累经验以达到熟能生巧的目的。初始条件是非定常（瞬态）问题所必须输入的内容，表征各物理量在初始时刻的取值。初始条件是所研究对象在过程开始时刻各个求解变量的空间分布情况。对于瞬态问题，必须给定初始条件，对于定常流动问题，不需要初始条件。

3.1.4 主要湍流模型

(1) RNG $k-\varepsilon$ 湍流模型

RNG $k-\varepsilon$ 湍流模型即为重整化群 $k-\varepsilon$ 湍流模型。RNG $k-\varepsilon$ 湍流模型使雷诺时均 N-S 方程封闭，其张量形式为[52-54]

$$\rho\frac{\mathrm{d}k}{\mathrm{d}t}=\frac{\partial}{\partial x_j}(\alpha_k\mu_{\mathrm{eff}}\frac{\partial k}{\partial x_j})+2\mu_{\mathrm{t}}S_{ij}\frac{\partial\overline{u_i}}{\partial x_j}-\rho\varepsilon \tag{3.4}$$

$$\rho\frac{\mathrm{d}\varepsilon}{\mathrm{d}t}=\frac{\partial}{\partial x_j}(\alpha_\varepsilon\mu_{\mathrm{eff}}\frac{\partial\varepsilon}{\partial x_j})+2C_{1\varepsilon}\frac{\varepsilon}{k}v_{\mathrm{t}}\overline{S_{ij}}\frac{\partial\overline{u_i}}{\partial x_j}-R-C_{2\varepsilon}\rho\frac{\varepsilon^2}{k} \tag{3.5}$$

式中：μ_{t} 是湍流黏性系数，为湍动能 k 和湍流耗散率系数 ε 的函数；δ_{ij} 为克罗内克尔数；μ_{eff} 为 μ_{t} 与 μ 之和；$\overline{S}_{ij}$ 为应变率张量。

$$\overline{S}_{ij}=\frac{1}{2}\left(\frac{\partial\overline{u_i}}{\partial x_j}+\frac{\partial\overline{u_j}}{\partial x_i}\right) \tag{3.6}$$

R 为 ε 方程中的附加源项，代表平均应变率对 ε 的影响。

$$R=\frac{C_\mu\rho\eta^3\cdot\frac{1-\eta}{\eta_0}}{1+\beta\eta^3}\frac{\varepsilon^2}{K} \tag{3.7}$$

式中：$\eta=Sk/\varepsilon$，$C_\mu=0.084\ 5$，$C_{1\varepsilon}=0.42$，$C_{2\varepsilon}=1.68$，$\alpha_k=1.0$，$\alpha_\varepsilon=0.769$，$\beta=0.012$，$\eta_0=4.38$。

PISO 的精度取决于时间步长，在预测修正的过程中，压力修正与动量方程的计算所达到的精度分别是 $3(\Delta t^3)$ 和 $4(\Delta t^4)$ 的量级。可以看出，使用越小的时间步长，可取得越高的时间精度。压力项采用 PRESTO 格式离散，其余的离散格式均采用二阶精度的迎风格式离散。

凸轮泵内部流动介质为液体，计算中忽略重力对流场的影响。进、出口均设置为压力边界条件，进口给定压力入口边界条件，出口给定压力出口边界条件，压力采用绝对压力值。壁面采用无滑移边界条件，近壁区采用标准壁面函数。湍流 RNG $k-\varepsilon$ 方程采用标准壁面函数时，近壁面的平均速度满足以下公式：

$$U^*=\frac{1}{k}\ln\left(E\frac{\rho C_\mu^{1/4}k_p^{1/2}y_p}{\mu}\right) \tag{3.8}$$

式中：k 是 Von Karman 常数，$k=0.42$；E 为经验常数，$E=9.81$；$C_\mu=0.084\ 5$；k_p 为点 P（第一层网格点）的湍动能；y_p 为点 P 到壁面的距离；μ 为点 P 流体的动力黏度。

（2）SST $k-\omega$ 湍流模型

Kan 等[55]和 Li 等[56]应用 SST $k-\omega$ 湍流模型对轴流式泵和离心泵的内部流场进行数值模拟，得出计算结果与实验结果非常接近，同时在不同工况下变化趋势相同。结果表明，$k-\omega$ 模型适宜应用于近壁面，而 $k-\varepsilon$ 模型适宜应用于边界层外侧和自由流动区域。在混合区域中，使用加权函数来混合 2 个模型，从而修改 SST $k-\omega$ 模型对逆压梯度流（例如分离流）的数值预测。SST $k-\omega$ 湍流模型结合了 $k-\varepsilon$ 模型和 $k-\omega$ 模型的优点，适用于工作腔内的反压流动。SST $k-\omega$湍流模型的张量形式如下：

$$\frac{\partial}{\partial x}(\rho u_i)+\frac{\partial}{\partial x_j}(\rho u_i u_j)=-\frac{\partial p}{\partial x_i}+\frac{\partial}{\partial x_j}\left(\Gamma\frac{\partial u_i}{\partial x_j}\right)+S_i, i=1,2,3 \tag{3.9}$$

$$\frac{\partial}{\partial t}(\rho k)+\frac{\partial}{\partial x_j}(\rho k u_j)=\frac{\partial}{\partial x_j}(\Gamma_k\frac{\partial k}{\partial x_j})+G_k-Y_k+S_k \tag{3.10}$$

$$\frac{\partial}{\partial t}(\rho\omega)+\frac{\partial}{\partial x_j}(\rho\omega u_j)=\frac{\partial}{\partial x_j}(\Gamma_\omega\frac{\partial\omega}{\partial x_j})+G_\omega-Y_\omega+D_\omega+S_\omega \tag{3.11}$$

上式中：Γ,Γ_k,Γ_ω 为速度的有效扩散项；k 为湍动能；ω 为有效耗散率；G_k,G_ω 分别为由 k,ω 产生的项；Y_k,Y_ω 分别为 k,ω 的发散项；D_ω 用于正交发散；S_k 和 S_ω 是用户定义的。

3.2 凸轮泵内部空化流动的数值计算方法

3.2.1 均相流模型

均相流模型是一种最简单的模型分析方法，其基本思想是通过合理地定义两相混合物的平均值，把两相流当作具有这种平均特性，遵守单相流体基本方程的均匀介质。这样，一旦确定了两相混合物的平均特性，便可应用所有的经典流体力学方法进行研究，实际上是单相流体力学的拓延。这种模型的基本假设是：① 两相具有相等的速度；② 两相之间处于热力平衡状态；③ 可使用合理确定的单相摩阻系数表征两相流动[57]。

均相流模型包含体积分数方程，采用源项控制液相与气相间的质量传输以模拟空泡的产生和溃灭。其连续性方程、动量方程分别为

$$\frac{\partial\rho_m}{\partial t}+\nabla\cdot(\rho_m C_m)=0 \tag{3.12}$$

$$\frac{\partial}{\partial t}(\rho_m C_m)+\rho_m(C_m\cdot\nabla)C_m=-\nabla p_m+\nabla(\tau+\tau_t)+M_m+f \tag{3.13}$$

式中：$\rho_m=\sum_{n=1}^{2}\rho_n a_n$，为混合密度；$C_m=\sum_{n=1}^{2}\frac{(\rho_n C_n)}{\rho_m}$，为体积分数；$p_m=$

$\sum_{n=1}^{2}\rho_n a_n$，为混合压力；a_n 为体积分数；τ 为黏性应力；τ_t 为雷诺应力；$M_m = 2R_{21}S\nabla a_2 + M_m^R$ 为界面动量输运源项；R_{21} 为界面平均曲率；s 为表面张力；$f = \rho g = \nabla(-\rho g z)$，为由重力引起的体积力。分别用 a_w，a_v，a_{nuc} 表示不可压液体、可压缩气泡和不可压缩微小气核在流质中的体积分数，则 $a_w + a_v + a_{nuc} = 1$。在大多数情况下，不可压缩微小气核和液体充分混合，可把两者当作一种不可压缩流体处理，引入 $a_1 = a_w + a_{nuc}$，对应的质量输运方程为

$$\frac{\partial}{\partial t}(a_1\rho_1) + \nabla \cdot (a_1\rho_1 C_m) = \dot{m}_{1v} + \dot{m}_{1c} \tag{3.14}$$

式中：$\dot{m}_{1v}$，$\dot{m}_{1c}$分别为在气泡产生和溃灭过程中不可压流体的质量传递率。

3.2.2 空泡动力学方程

采用 Rayleigh - Plesset 方程描述空泡形成和溃灭时液相与气相之间质量传递的过程[58]，方程为

$$R_B\frac{d^2R_H}{dt^2} + \frac{3}{2}\left(\frac{dR_B}{dt}\right)^2 + \frac{2S}{R_B} = \frac{p_v - p}{\rho_f} \tag{3.15}$$

式中：R_B 为气泡直径；p_v 为气泡内压力；p 为气泡周围液体压力；ρ_f 为液体密度。忽略黏性和表面张力对气泡生长的影响，式(3.15)可简化为

$$\frac{dR_B}{dt} = \sqrt{\frac{2}{3}\frac{p_v - p}{\rho_f}} \tag{3.16}$$

气体的体积变化率可表示为

$$\frac{dV_B}{dt} = \frac{d}{dt}\left(\frac{4}{3}\pi R_B^3\right) = 4\pi R_B^2\sqrt{\frac{2}{3}\frac{p_v - p}{\rho_f}} \tag{3.17}$$

设单位体积内的气泡数为 N_B，则单位体积内两相间的质量传递率为

$$m = N_B\,\rho_v\,\frac{dV_B}{dt} = 4N_B\,\rho_v\,\pi R_B^2\sqrt{\frac{2}{3}\frac{p_v - p}{\rho_f}} \tag{3.18}$$

在气泡形成过程中

$$N_B = N_{Bv} = \frac{3a_1 a_{nuc}}{4\pi R_B^3} \tag{3.19}$$

在气泡溃灭过程中

$$N_B = N_{Bc} = \frac{3a_v}{4\pi R_B^3} \tag{3.20}$$

在气泡形成与溃灭过程中质量传递率可分别表示为

$$\dot{m}_{1v} = -F_v\frac{3\rho a_1 a_{nuc}}{R_B}\sqrt{\frac{2}{3}\frac{|p_v - p|}{\rho_f}}\,\mathrm{sng}(p_v - p) \tag{3.21}$$

$$\dot{m}_{1c}=-F_c\frac{3\rho_v(1-a_1)}{R_B}\sqrt{\frac{2}{3}\frac{|p_v-p|}{\rho_f}}\mathrm{sng}(p_v-p) \tag{3.22}$$

式中：F_v，F_c 分别为气泡形成和溃灭时所取的经验系数。

3.2.3 Mixture 混合模型

在基于均质多相传输方程的 Mixture 模型中[59]，使用以下控制方程组描述空化流场：

$$\frac{\partial\rho_m}{\partial t}+\frac{\partial(\rho_m\mu_j)}{\partial x_j}=0 \tag{3.23}$$

$$\frac{\partial\rho_m u_i}{\partial t}+\frac{\partial(\rho_m u_i u_j)}{\partial x_j}=-\frac{\partial p}{\partial x_i}+\frac{\partial}{\partial x_j}\left[(\mu+\mu_t)\left(\frac{\partial u_i}{\partial x_j}+\frac{\partial u_j}{\partial x_i}-\frac{2}{3}\frac{\partial u_i}{\partial x_j}\delta_{ij}\right)\right] \tag{3.24}$$

$$\frac{\partial(a_v\rho_v)}{\partial t}+\frac{\partial(a_v\rho_v u_j)}{\partial x_j}=R \tag{3.25}$$

上述方程组依次是气/液混合介质的连续方程、动量守恒方程及气相体积分数的输运方程。体积分数输运方程的提出是为了求解流场中两相分布。上式中，t 表示时间，s；下标 i 和 j 分别代表坐标方向；u_i 为速度分量；ρ_m ρ_v，ρ_l 分别为混合介质密度、气相密度、液相密度，kg/m^3；δ_{ij} 为克罗内克数；a_v 为气相体积分数；μ，μ_t 分别为混合介质动力黏度、湍流黏度，kg/(m·s)；R 为相间质量传输率，kg/(m^3·s)。ρ_m 和 μ 分别为气相和液相的体积加权平均，即

$$\rho_m=\rho_v\alpha_v+\rho_l(1-\alpha_v) \tag{3.26}$$

$$\mu=\mu_v\alpha_v+\mu_l(1-\alpha_v) \tag{3.27}$$

式中：μ_l，μ_v 分别为液相和蒸汽相动力黏度。相间质量传输率 R 可以用合适的空化模型来模拟。

$$R=R_e-R_c \tag{3.28}$$

式中：R_e，R_c 分别代表蒸汽生成率和蒸汽凝结率。

3.2.4 基于输运方程的空化模型

基于输送方程的空化模型主要有 Zwart - Gerber - Belamri 模型、Kunz 模型和 Schnerr - Sauer 模型[60-63]。

(1) Zwart - Gerber - Belamri 模型

$$R_e=F_{vap}\frac{3\alpha_{ruc}(1-\alpha_v)\rho_v}{R_B}\sqrt{\frac{2}{3}\frac{p_v-p}{\rho_l}},p<p_v \tag{3.29}$$

$$R_c=F_{cond}\frac{3\alpha_v\rho_v}{R_B}\sqrt{\frac{2}{3}\frac{p_v-p}{\rho_l}},p>p_v \tag{3.30}$$

上式中：α_{ruc}为成核位置体积分数，取 5×10^{-4}；R_B为空泡半径，m，取 1.0×10^{-6}；p，p_v分别为流场压力和汽化压力，Pa；F_{vap}，F_{cond}为对应于蒸发和凝结过程的2个经验校正系数，分别取50和0.01。

（2）Kunz模型

该模型是Kunz等在Merkle的研究工作基础上提出的。与其他输运方程类空化模型相比，该模型最大的特点在于质量传输率的表达式采用2种不同的方法。对于液相到汽相的传输，质量传输率正比于汽化压力和流场压力之间的差值；而对于汽相到液相的传输，则是借用了Ginzburg－Landau势函数的简化形式，质量传输率基于汽相体积分数的三次多项式。

$$R_e=\frac{C_{dest}\,\rho_v(1-\alpha_v)\max(p_v-p_0)}{0.5\rho u_\infty^2 t_\infty} \tag{3.31}$$

$$R_c=\frac{C_{prod}\,\rho_v\,\alpha_v(1-\alpha_v)^2}{t_\infty} \tag{3.32}$$

式中：u_∞为自由流速度，m/s；L为特征长度，m；$t_\infty=L/u_\infty$，为特征时间长度，s；$C_{dest}=9\times10^5$，$C_{prod}=3\times10^4$。

（3）Schnerr－Sauer模型

$$R_e=3\,\frac{\rho_v\,\rho_l}{\rho_m}\frac{\alpha_v(1-\alpha_v)}{R_B}\sqrt{\frac{2}{3}\frac{p_v-p}{\rho_l}},p<p_v \tag{3.33}$$

$$R_c=3\,\frac{\rho_v\,\rho_l}{\rho_m}\frac{\alpha_v(1-\alpha_v)}{R_B}\sqrt{\frac{2}{3}\frac{p-p_v}{\rho_l}},p<p_v \tag{3.34}$$

$$R_B=\{3\alpha_v/[4\pi n_0(1-\alpha_v)]\}^{1/3} \tag{3.35}$$

式中：n_0为单位液体体积空泡个数。模型中质量传输率正比于$\alpha_v(1-\alpha_v)$，且函数$f(\alpha_v,\rho_v,\rho_l)=\rho_v\,\rho_l\,\alpha_v(1-\alpha_v)/\rho_m$的一个显著特点是当$\alpha_v=0$或$\alpha_v=1$时，$f(\alpha_v,\rho_v,\rho_l)$接近于0，而当$\alpha_v$在0和1之间时，$f(\alpha_v,\rho_v,\rho_l)$达到最大值。该模型中唯一要确定的参数是空泡数密度$n_0$。大量研究表明最优空泡数密度在$10^{13}$左右。

3.3 计算域模型建立及网格划分

3.3.1 计算域模型建立

本书采用的凸轮泵转子型线，以高阶过渡曲线的内外摆线和渐开线型凸轮泵作为研究对象，根据型线方程及凸轮泵主要几何参数，应用Pro/Engineering建立计算域三维实体模型。凸轮泵的三维计算模型如图3.3所示。计算流域模型均由进口段、转子部分和出口段3部分组成，且在不影响计算结果的前提下，对进出口进行了简化处理。二维及三维计算模型的进口均在凸轮泵下端，出口均在凸轮泵上端，左侧转子顺时针旋转，右侧转子逆时针旋转。

由于凸轮泵转子腔的型线是由多段不同型线首尾相接而组成的封闭曲线，且型线设计严格建立在复杂的数学模型基础上[64-67]，其中一些不规则的曲线，如内摆线、外摆线及高阶过渡曲线等，其设计较为复杂，对于这些不规则曲线，无法用尺寸驱动来完成曲线的绘制。通过 Pro/Engineering 软件的参数化设计方法对计算模型进行建模，并通过其仿真模块对转子旋转过程中有无干涉进行检测，以保证后续数值计算结果的正确性。

3.3.2 计算域网格划分与无关性验证

凸轮泵整体计算域网格分为转子、进口段和出口段 3 部分，由于转子啮合及转子与转子腔之间的间隙非常小，为了使间隙处网格数量超过保证计算精度的最低网格数要求，凸轮泵计算域网格采用适应性较强的非结构化网格或六面体网格，如图 3.3 所示，转子部分与进、出口部分之间设置为交界面(Interface)，以保证界面间计算数据传递过程的准确性。为了保证数值计算的网格数和时间部步长满足计算精度要求，需进行网格无关性和时间步长独立性验证。

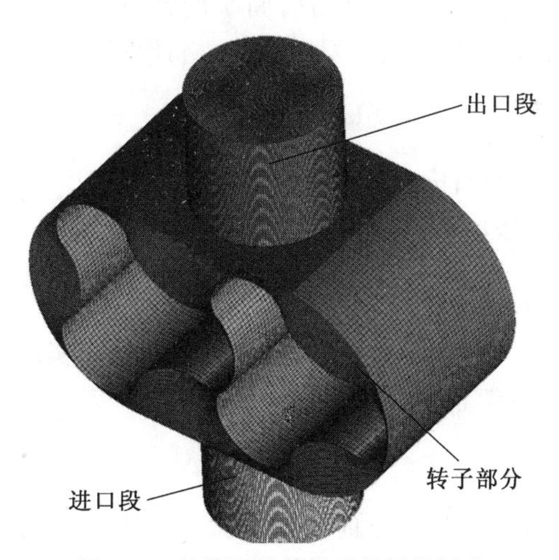

图 3.3　凸轮泵计算模型的网格划分

3.4 动网格技术

动网格模型可模拟流场形状由于运动边界的变化随时间而改变的问题，其中边界的运动形状可以是预先定义的运动，即可在计算前指定其速度或者角速度，也可以是预先没有做定义的运动，即边界的运动由前一步的计算结果决定。网格的更新过程由 Fluent 和 PumpLinx 根据每个迭代步中边界的变化情况自动完成。使用动网格模型时，必须定义初始网格、边界运动的方式及参与运动的区域。可以用边界型函数或者 UDF 定义边界的运动方式。Fluent 和 PumpLinx 要求将运动描述定义在网格面或者网格区域上。如果流场中包含运动与不运动的 2 种区域，则需要将它们组合在初始网格中并进行识别。那些由于周围区域运动而发生变形的区域必须被组合到各自的初始网格中。不同区域之间的网格不必是一致的，可以在模型设置中用 Fluent 和 PumpLinx 提供的非一致网格或者滑移界面功能将各个区域连接起来。

3.4.1 守恒型动网格流场模型

在 Fluent 和 PumpLinx 中，动网格模型可以用于模拟由于流域边界的运动而引起流域形状随时间变化的流动状况，对于凸轮泵转子啮合的反向旋转运动，下一个时间步的计算是由当前时间步的计算结果确定的，各时间步体网格的变形基于边界条件下新的位置。动网格计算模型表示为

$$\frac{\mathrm{d}}{\mathrm{d}t}\int_{V}\rho\varphi(u-u_{\mathrm{s}})\mathrm{d}A=\int_{\partial V}\Gamma\nabla\varphi\mathrm{d}A+\int_{\partial V}S_{\varphi}\mathrm{d}V \tag{3.36}$$

式中：u 为速度；u_{s} 为动网格变形速度；Γ 为扩散系数；S_{φ} 为通量源项；∂V 为控制体边界。式(3.36)的第一项可用一阶向后差分形式表示为

$$\frac{\mathrm{d}}{\mathrm{d}t}\int_{V}\rho\varphi\mathrm{d}V=\frac{(\rho\varphi V)^{n+1}-(\rho\varphi V)^{n}}{\Delta t} \tag{3.37}$$

式中：n 和 $n+1$ 分别表示当前和紧接着的时间步，从而实现时间步上的递进。V^{n+1} 可由式(3.38)计算得出：

$$V^{n+1}=V^{n}+\frac{\mathrm{d}V}{\mathrm{d}t}\Delta t \tag{3.38}$$

式中：$\mathrm{d}V/\mathrm{d}T$ 表示控制体积对于时间的导数。为了得到满足网格的守恒，可由下式求出控制体积对于时间的导数：

$$\frac{\mathrm{d}V}{\mathrm{d}T}=\int_{\partial V}\vec{u}_{g}\cdot\mathrm{d}\vec{A}=\sum_{j}^{n_{\mathrm{f}}}\vec{u}_{g,j}\cdot\vec{A}_{j} \tag{3.39}$$

式中：n_{f} 表示控制体积上面的数目；$\vec{A}_{j}$ 表示第 j 面积向量。可以通过下式计

算求出各个控制体面上的点积 $\vec{u}_{g,j} \cdot \vec{A}_j$：

$$\vec{u}_{g,j} \cdot \vec{A}_j = \frac{\delta V_j}{\Delta t} \tag{3.40}$$

式中：δV_j 表示控制体上的面 j 在时间步 Δt 时间内扫出的面积。

3.4.2 动网格重构算法

CFD 动网格计算中采用 3 种模型计算网格的动态变化过程[68]，3 种模型分别为弹簧光滑模型、局部网格重生成模型和动态层模型。

(1) 弹簧光滑模型

应用此模型时，流体计算域的网格将被拉伸或压缩，其具有如下特点：

① 网格节点之间的运动可看作弹簧的拉伸，网格运动的过程就像弹簧不断被拉伸或者压缩的过程。

② 所有关于网格节点间的数量及连接关系保持不变，对于整个网格区域及边界，既没有网格节点数的减少，也没有网格节点数的增加。

③ 该模型只适用于边界运动或变形量较小的情况，当边界运动或变形量较大时，由于该模型不能有效控制网格的变形，因此在计算过程中网格的变形可能使网格发生严重的畸变，从而出现负体积，导致数值计算发散。

④ 理论上该模型能够应用于任何一种网格，但对于计算模型的网格不属于四面体网格时，该模型的应用必须满足以下 2 个条件：a. 网格的移动始终为单一方向；b. 移动的方向要与边界垂直。当数值计算不能满足上述要求时，计算过程中出现网格畸变的可能性显著增加。

(2) 局部网格重生成模型

三角形和四面体网格的计算域中可使用局部网格重构方法，该模型的特点如下：

① 网格的节点数量和连接属性将在网格局部重构后发生改变。

② 网格的扭曲率及尺寸均在网格运动后发生改变，网格随用户设置的参数而发生改变，其中不满足要求的网格需重新划分网格。

③ 适用于大变形或者位移相对比较大的情况。

④ 通常与弹簧光滑模型联合使用。

对于涉及动网格问题的计算，Fluent 和 PumpLinx 软件根据设置自动完成。在动网格的设置中，首先选择需要运动的边界，然后 Fluent 和 PumpLinx 软件依据运动区域的网格类型，选择合适的网格计算方法，对于没有发生运动的网格区域，其网格属性保持不变。

(3) 动态层模型

采用动态层模型时,运动边界上的网格节点个数随着计算域的不断变化而变化。动态层模型的特点如下:

① 该模型对移动边界附近的网格类型有一定要求,必须为四边形(二维)、三棱柱或者六面体网格。如果移动边界附近的网格为三角形、四面体网格时,在数值计算中不能应用该模型。

② 由于网格的增加或减少,导致网格节点间原有的连接关系发生改变,生成新的连接关系。

③ 该模型用于边界的运动为线性运动,或边界的运动为纯旋转运动的情况。

如果移动边界在网格区域内,则边界两侧的网格都移动;如果计算模型中部分边界网格移动而其余边界网格不移动,则边界网格移动需应用动网格技术。

为了满足计算过程中数据的正常传输,移动网格区域和固定网格区域应通过滑动网格结合在一起。Fluent 和 PumpLinx 软件将根据新的边界重新生成计算域的部分网格。如图 3.4 所示,对于动态层模型,给定的理想网格高度 h_{ideal},当 $h>(1+\alpha_k)h_{ideal}$(α_k 是高度系数)时,单元将根据预定义的高度条件进行分裂,此时层 i 中的单元面高度等于理想高度 h_{ideal};相反,如果层 i 中单元体积是被压缩的,当压缩到 $h<\alpha_k h_{ideal}$ 时,这些被压缩的单元面将和邻近的单元面合并成一个新的单元层。

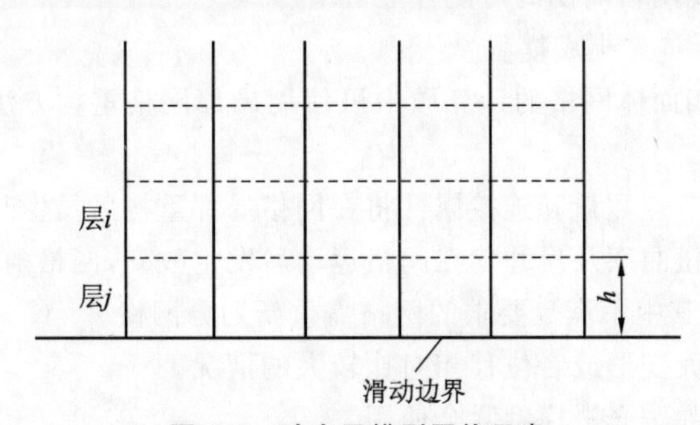

图 3.4 动态层模型网格示意

3.4.3 动网格更新模型的设置

采用动网格问题的设置及计算时,首先应激活 Fluent 中的 Dynamic Mesh 参数设置面板,从而可设置动网格计算有关的计算模型方法、边界运动方式等。

(1) 网格更新方法

为了得到不同网格类型的网格更新方法,可以在 Mesh Methods 控制面板中选择不同网格类型的网格更新方法,Fluent 中提供 3 种不同的网格更新模型:Layering(动态层模型)、Smoothing(弹簧光滑模型)和 Remeshing(局部网格重构模型)。

(2) 动态层模型参数设置

在 Mesh Methods 下激活动态层模型,选中“Layering”后出现 2 个基本的设置:一个是设置 Constant Height(常数高度)参数,使应用铺层方法生成的网格在每一层的网格高度都是一样的;另一个就是设置 Constant Ratio(常数比例)参数,通过该设置使生成的网格在每一层的高度可能不一样,但网格节点的位置保持一个固定的比例,适用于不规则边界的运动。

(3) 弹簧光顺模型参数设置

在 Mesh Methods 下激活弹性光顺模型,然后进入 Smoothing 控制窗口,首先设置 Spring Constant Factor(弹簧弹性系数),该系数允许的取值范围为 0～1;当设置为 0 时,计算时整个计算域的网格都要发生变形运动,导致计算量加大,从而增加计算所需的时间。当设置为 1 时,计算时只有运动边界的网格发生变形运动,对于远离运动边界区域的网格将不会发生变化。因此,计算时可根据计算域的运动情况选取一个适当的弹性系数值来控制网格的运动。

Boundary Node Relaxation(边界点松弛因子)的设置范围为 0～1,该参数可以控制计算域边界运动时网格节点的运动。当设置为 0 时,边界上的网格节点运动不受内部网格节点运动的影响;当设置为 1 时,变形边界上网格节点的运动完全受变形区域内部网格节点运动的影响,一般该值采用系统默认值 1 即可。

另外还有 2 个参数设置,分别为收敛容差(Convergence Tolerance)和迭代步数(Number of Iterations)。通过设置 2 个参数的数值,有效判断弹性光顺算法在数值计算中的收敛性。迭代步数限定了在计算过程中所能迭代到最大的步数,这是为了防止计算不能收敛但还一直进行计算,避免出现死循环。

(4) 局部重构模型参数设置

选中 Remeshing(重构网格)选项,定义网格运动时需进行局部重构的参数设置,可定义的参数有 Maximum Cell Skewness(最大体网格扭曲率),如果是二维模型设置为 0.6,三维模型设置为 0.9,Maximum Length Scale(最大网格尺寸)和 Minimum Length Scale(最小网格尺寸)这 2 个参数控制网格变形过程中需要进行重构的网格,当变形后的网格超过设置的最大网格尺寸或低于最小网格尺寸时,网格会被重新划分。还有一个控制网格重构间隔的设置 Size Remeshing Interval,一般设置为 5 或 10,不需要网格在每一步后就进行重构,那样会加大计算量和计算时间。

在动网格运动时,Size Function(尺寸函数)在网格的重构中应用较多,用于控制网格重构时网格的分布,保证网格重构过程中的质量,使用 Use Defaults 指令可以将设置的参数恢复到系统默认的参数。

3.4.4 动网格运动区域的设置及网格预览

计算模型的网格运动可以是边界运动,也可以是单元运动,确定体网格再生方式后,运动区域内部网格节点的运动不需要用户定义,用户只需要指定运动区域网格的运动规律即可,Fluent 和 PumpLinx 软件自动完成运动区域内部网格节点的调整并生成新的体网格。网格运动有如下几种类型:

① 静止(Stationary);

② 刚体运动(Rigid body motion);

③ 变形(Deforming);

④ 用户自定义(User - defined)。

确定了网格计算模型和边界网格的运动方式后,可通过动网格预览功能查看网格运动情况。如果预览网格运动后网格满足计算要求,可以开始计算;如果预览后发现网格不能满足计算要求,则需要对模型重新划分网格或者对时间步长适当调整,提升网格质量或减小时间步长后再预览,直到满足计算要求为止。

如果采用三角形网格,动网格的更新采用的是 Spring - Based Smoothing Method (弹簧光顺模型) 和 Local Remeshing Method(局部网格重构模型),这与三角形网格相适应。

在弹簧光顺模型中,网格上任意两节点之间的连线被简化成互相连接的弹簧,边界节点上给定的位移将产生一个与连接到这个节点所有弹簧位移成比例的力,这样边界上节点的位移通过体网格在流动域中传播;在局部网格重构中,如果运动边界的移动和变形过大,会导致局部网格产生严重畸变,甚至出现负体积。

局部网格重构仅用于非结构化的四面体网格和三角形网格,所以,凸轮泵内部流场的计算域采用非结构化的三角形网格进行划分。在计算中,因为动边界的转子转动,计算域的网格会发生变化,而非结构化的四面体网格和三角形网格可以保证网格随转速变化后，产生较小的网格扭曲率，计算收敛性好。

3.5 用户自定义函数

对于复杂流动问题，Fluent 自带的模型、初始边界条件及材料特性等无法满足实际计算的需求，因此需要利用函数进行控制，从而满足用户要求的计算功能。这种用户自定义的函数称为 UDF(User - Defined Functions)，可被动态连接到 Fluent 求解器中，从而实现用户的特殊需求。UDF 要求用户采用 C 语言编写，使用 DEFINE 宏定义，也可以使用 Fluent 提供的预定义宏，通过预定义宏获得数值求解得到的数据。自定义函数通过解释或编译的方法导入 Fluent 中使用，主要用于定义边界条件、材料属性、表面和体积反应率及源项函数等。

本章以动网格模型中的 DEFINE 宏为例进行说明，本书涉及的宏即为定义中心移动的 DEFINE 宏，其宏的名称为 DEFINE_CG_MOTION。

3.5.1 正常启动的 UDF 编程

选择额定转速 $n=350$ r/min，其 UDF 函数如下：

```
#include "udf.h"
DEFINE_CG_MOTION (female_rotor, dt, vel, omega, time, dtime)
{
Omega [2]=37;
}
DEFINE_CG_MOTION (male_rotor, dt, vel, omega, time, dtime)
{
Omega [2]=-37;
}
```

3.5.2 线性启动的 UDF 编程

选择额定转速 $n=350$ r/min，线性启动时间为 $t=0.1$ s，其 UDF 函数如下：

```
#include "udf.h"
DEFINE_CG_MOTION (female_rotor, dt, vel, omega, time, dtime)
{{
Omega [2]=0.0;
```

```
}
  If (time <=0.1)
    {
      Omega [2]=370 * time;
    } else
    {
Omega [2]=37;
    }}
DEFINE_CG_MOTION (male_rotor, dt, vel, omega, time, dtime)
{{
Omega [2]=0.0;
}
  If (time <=0.1)
    {
      Omega [2]=-370 * time;
    } else
    {
Omega [2]=-37;
}}
```

3.5.3 非线性启动的 UDF 编程

选择额定转速 $n=350$ r/min,非线性启动时间为 $t=0.1$ s,其 UDF 函数如下:

```
#include "udf.h"
DEFINE_CG_MOTION (female_rotor, dt, vel, omega, time, dtime)
{{
Omega [2]=0.0;
}
  If (time <=0.1)
    {
      Omega [2]=370 * time;
    } else
    {
Omega [2]=37;
    }}
DEFINE_CG_MOTION (male_rotor, dt, vel, omega, time, dtime)
{{
```

```
Omega [2]=0.0;
}
   If (time <=0.1)
      {
           Omega [2]=-370 * time;
      } else
      {
Omega [2]=-37;
}}
```

3.6 小结

① 本章介绍数值计算的流动控制方程与求解方法，包括控制方程、湍流数值求解方法、计算模型和湍流模型。本书采用雷诺时均 N-S 方程、RNG $k-\varepsilon$ 湍流模型和 SST $k-\omega$ 湍流模型，基于动网格技术求解凸轮泵转子腔内部瞬态流场。

② 凸轮泵转子腔内部空化流动数值计算采用均相流模型的 Mixture 模型和 Zwart-Gerber-Belamri 空化模型。以内外摆线型凸轮泵为研究对象，应用 Pro/Engineering 建立凸轮泵转子腔三维模型，计算域网格采用适应性较强的非结构化网格或六面体网格。

③ 本章介绍了动网格流场模型、动网格重构算法及动网格更新模型和运动区域的设置方法，采用动网格技术模拟凸轮泵转子腔内运动边界随时间变化的流动问题。最后，基于动网格模型中的 DEFINE 宏定义，给出了动网格求解的用户自定义函数(UDF)编程方法及程序代码。

4 螺旋角对凸轮泵转子腔流量特性的影响机制

转子是凸轮泵实现能量转化的核心部件，凸轮泵转子主要分为直叶凸轮转子和螺旋凸轮转子。凸轮泵的性能不仅与转子型线方程、转子径长比和转子间隙等参数有关，也与转子的螺旋角存在直接关系。为了阐明螺旋角对凸轮泵转子腔内部流动的影响规律，揭示螺旋角和凸轮泵特性曲线的相互关系，本章以3叶型数内外摆线螺旋凸轮泵作为研究对象，使用PumpLinx与ICEM CFD对螺旋凸轮泵进行网格划分，采用PumpLinx动网格技术和RNG $k-\varepsilon$ 湍流模型，对3叶型数摆线型螺旋凸轮泵转子腔内部进行三维瞬态流动分析，比较螺旋角对凸轮泵转子受力、流量特性及转子腔内部流动的影响规律。最后，通过实验与数值模拟对比分析，获得螺旋角对凸轮泵性能和转子腔内部流量特性的影响规律。

4.1 凸轮泵数值计算

4.1.1 凸轮泵数值计算模型

当泵进出口压差、转子转速和转子腔容积不变时，忽略转子腔径向泄漏和轴向泄漏，凸轮泵转子腔理论流量和螺旋角无关，即内外摆线型螺旋凸轮泵转子腔的横截面积 S 为

$$S=\frac{(2z^2+1)\pi {R_m}^2}{2(z+1)^2} \tag{4.1}$$

在不考虑泄漏的条件下，内外摆线型螺旋凸轮泵的理论流量 Q 为

$$Q=n\cdot(\pi R_m^2+2aR_m-2S)L \tag{4.2}$$

式中：n 为转速，r/min；L 为转子长度，mm；α 为两转子中心距，mm。

本章主要研究螺旋角对凸轮泵性能的影响规律，保持转子腔容积不变，

分别建立螺旋角为 0°,20°,30°,40°,45°,50°,60°,70°,80°,90°,100°,110°,120°的 3 叶螺旋凸轮泵转子腔三维模型进行数值计算。凸轮泵转子计算模型的设计参数如表 4.1 所示。图 4.1 和图 4.2 分别为凸轮泵计算域和 6 种不同螺旋角的凸轮泵转子三维模型。

表 4.1 凸轮泵模型参数

节圆半径 R_j/mm	基圆半径 R_b/mm	叶顶半径 R_m/mm	螺旋角 A/(°)	容积利用系数 λ	径长比 α
60	60	80	0～120	0.406	0.98

(a) 直叶凸轮泵模型

(b) 螺旋角为45°的凸轮泵模型

图 4.1 凸轮泵计算域

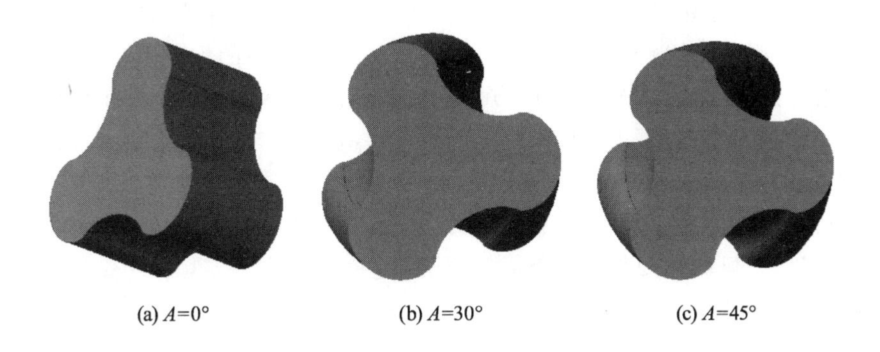

(a) A=0°　　(b) A=30°　　(c) A=45°

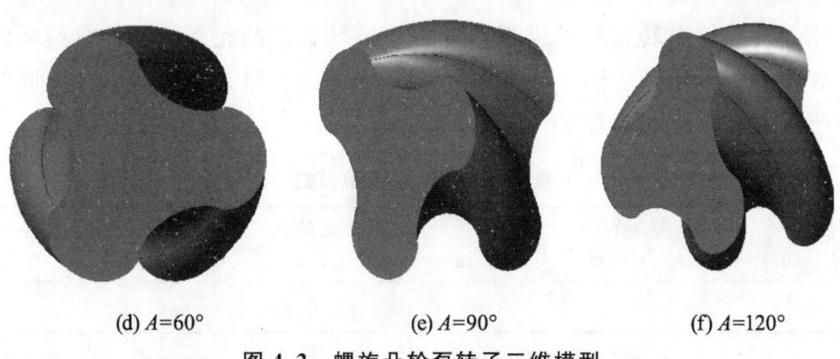

(d) A=60°　　(e) A=90°　　(f) A=120°

图 4.2　螺旋凸轮泵转子三维模型

4.1.2　数值计算方法

建立相对坐标系的雷诺时均 N－S 方程，基于 RNG $k-\varepsilon$ 湍流模型和 SIMPLEC 算法，采用二阶迎风格式离散控制方程组并进行迭代求解，代数方程迭代采取亚松弛，设定收敛精度为 10^{-4}。固壁面设为无滑移壁面，近壁面按标准壁面函数法处理。RNG $k-\varepsilon$ 湍流模型通过修正湍流黏度修正平均流动中的旋转效应，能较好地处理高应变率及流线弯曲程度较大流动域。基于 PumpLinx 动网格技术的局部重构算法，对凸轮泵转子腔进行三维瞬态数值计算，时间步长取为 4.167×10^{-4} s。

如图 4.3a 所示，以螺旋角 $A=45°$ 的凸轮泵为例，采用 ICEM CFD 网格前处理器得到螺旋凸轮泵的结构化网格，图 4.3b 为两转子间隙处网格局部放大图。其中凸轮泵转子腔及转子区域网格类型为六面体网格，周向网格层数为 360，轴向网格层数为 120，两转子间隙处布置 16 层网格的重叠网格。为了验证网格对数值计算结果的敏感度，对网格数分别为 63.8 万、141 万和 153.9 万的计算域进行性能预测，其效率的最大误差为 0.78%，压差的最大误差为 0.13 m，最终计算域的网格数确定为 141 万。输送介质设置为常温清水，给定进口初始压力为 101.325 kPa，出口压力为 506.625 kPa，转速为 400 r/min，分别在泵的进、出口截面处布置瞬态流量监测点。

(a) 螺旋式凸轮泵网格

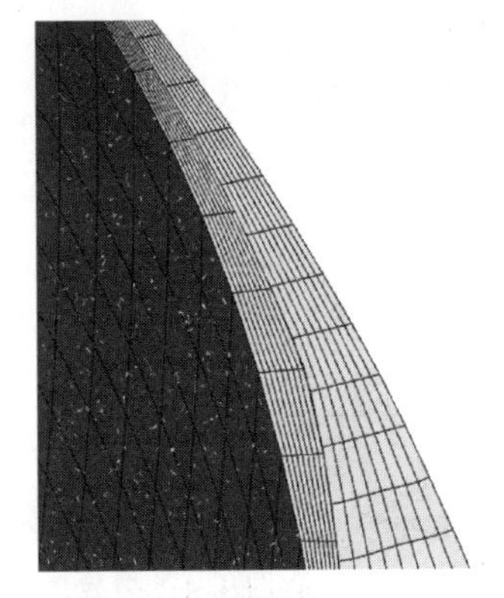

(b) 两转子间隙处网格局部放大图

图 4.3 凸轮泵转子腔的网格模型

4.2 螺旋角对凸轮泵转子腔流动特性的影响

4.2.1 螺旋角对凸轮泵转子腔流量特性的影响

为了研究转子螺旋角对凸轮泵流量特性的影响规律，对螺旋角分别为0°,20°,30°,45°,50°,60°,70°,80°,90°,100°,110°,120°的凸轮泵转子腔进行瞬态数值计算。图 4.4 所示为转子螺旋角与泵出口流量特性的关系，其中图4.4a 和图 4.4b 分别表示在转速为 400 r/min、进口压力为 101.325 kPa、出口压力为 506.625 kPa 的工况下，螺旋角和凸轮泵平均出口流量、瞬时流量脉动的定量关系。分析表明：转子螺旋角对凸轮泵出口平均流量和流量脉动有显著影响。与直叶凸轮泵相比，螺旋凸轮泵出口流量显著下降，流量脉动特性由“M”型波峰变为单波峰，且流量脉动幅值减小，使其振动与噪声幅值得到极大改善，流动更加稳定。螺旋凸轮泵中，随着转子螺旋角的增大，凸轮泵出口平均流量先增大后减小，泵出口瞬时流量脉动持续减小；当螺旋角为 45°～60°时，凸轮泵平均出口流量变化趋势较小，流量达到较大值，凸轮泵的水力损失达到最小值。

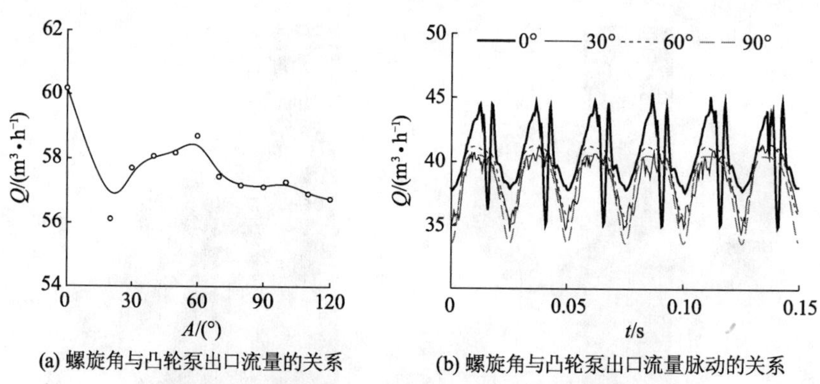

(a) 螺旋角与凸轮泵出口流量的关系　　(b) 螺旋角与凸轮泵出口流量脉动的关系

图 4.4　螺旋角与凸轮泵出口流量特性的关系

4.2.2　螺旋角对凸轮泵转子腔内速度分布的影响

为了对比分析直叶与螺旋转子对凸轮泵转子腔内部流动的影响规律，对直叶凸轮泵转子腔内部速度矢量进行分析，图 4.5 为直叶凸轮泵模型在 0.1 s 时刻的速度矢量图，其中图 4.5a 和图 4.5b 分别为凸轮泵内部速度云图及矢量图，图 4.5c～图 4.5e 为凸轮泵内部速度矢量局部放大图，图中 A，B 均出现回流现象，C，E 处出现速度异常突变，D 处出现漩涡。同时，凸轮泵转子腔内及进出口均出现了明显的漩涡及流动分离现象，两转子间隙处及转子边缘均出现速度异常突变。

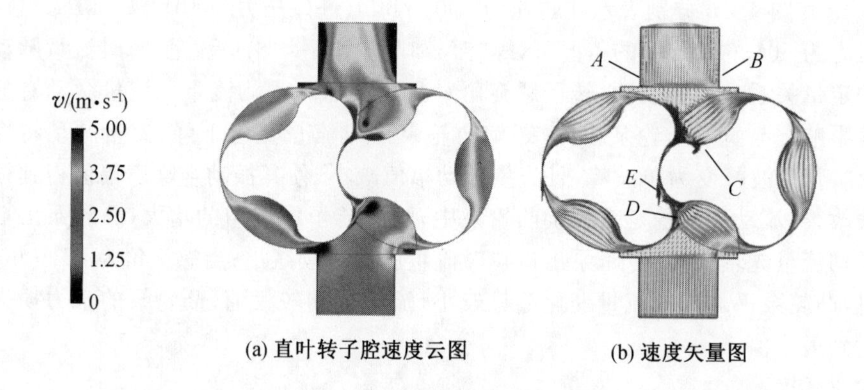

(a) 直叶转子腔速度云图　　(b) 速度矢量图

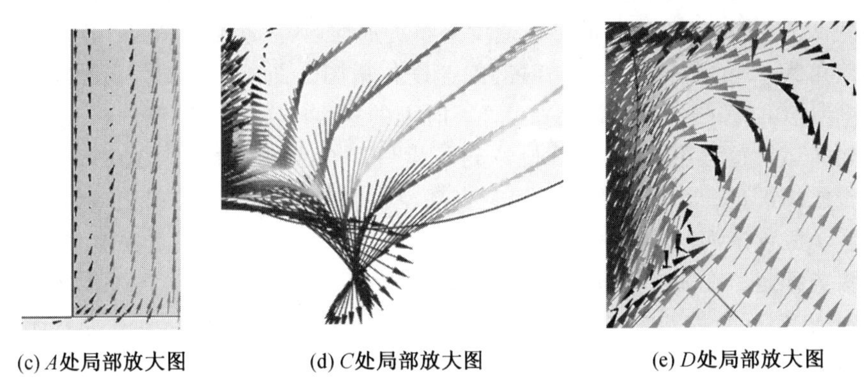

图 4.5　0.1 s 时刻直叶凸轮泵转子腔内速度矢量图

对图 4.5 中 C,E 处速度异常突变处在不同时刻(0.100 0 s,0.112 5 s,0.125 0 s,0.137 5 s,0.150 0 s)的速度矢量图进行分析,如图 4.6 所示。图中框体表示两转子间隙处的速度突变位置。结果表明:两转子间隙处速度异常突变在转子转动过程中一直存在,而转子边缘处速度异常突变(见图 4.6 中 a,b,c 位置)则呈周期性存在。由于凸轮泵为非接触式容积泵,两转子之间有微小间隙,在转子转动过程中,有微小流量的流体通过间隙流动,而转子腔内转子间隙两侧的压差较大,导致两转子间隙处产生速度突变。而转子边缘处的速度突变则是由于两转子间隙边缘处转子腔体积急剧变化及转子型线两段曲线接口处不够光滑,流体与转子相互作用力引起的压力突变导致的。

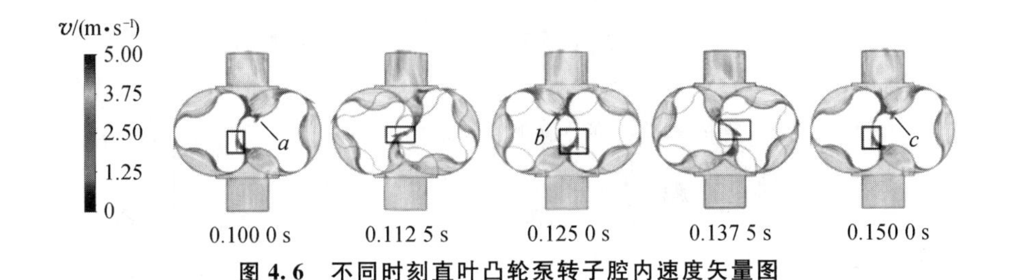

图 4.6　不同时刻直叶凸轮泵转子腔内速度矢量图

图 4.7 为螺旋角为 45°的凸轮泵在 0.100 0 s 时刻的速度矢量图,其中图 4.7a 和图 4.7b 分别为凸轮泵内部速度云图及矢量图,图 4.7c～图 4.7e 为凸轮泵内部速度矢量局部放大图。图 4.7b 中的 A,B,C 位置分别表示泵出口处、两转子间隙处、进口转子附近的速度矢量,与直叶凸轮泵转子腔(见图 4.5)内速度分布相比,螺旋凸轮泵在运行过程中,无转子边缘处速度突变情

况发生，仅在两转子间隙处存在速度突变，同时，转子腔内泄漏增大，但泵出口处回流现象减小，转子腔整体速度分布更加均匀，流动更加稳定。图 4.8 为螺旋角为 45°的凸轮泵在不同时刻的速度矢量图。图 4.9a～c 分别为螺旋角为 30°，60°，90°的凸轮泵模型在 0.1 s 时刻的速度矢量图。结果分析表明：在凸轮泵运行过程中，直叶与螺旋凸轮泵出口均会出现不同程度的回流现象，转子腔内部也会出现漩涡及速度突变现象。但与直叶凸轮泵相比，螺旋凸轮泵转子腔内漩涡与流动分离现象更为显著，内泄漏较大，但出口回流较小，流动更为稳定。在螺旋凸轮泵中，随着螺旋角的增大，泵出口回流先增大后减小，且在螺旋角为 60°时，回流现象最小，而后随螺旋角的增大，回流及内泄漏均增大。

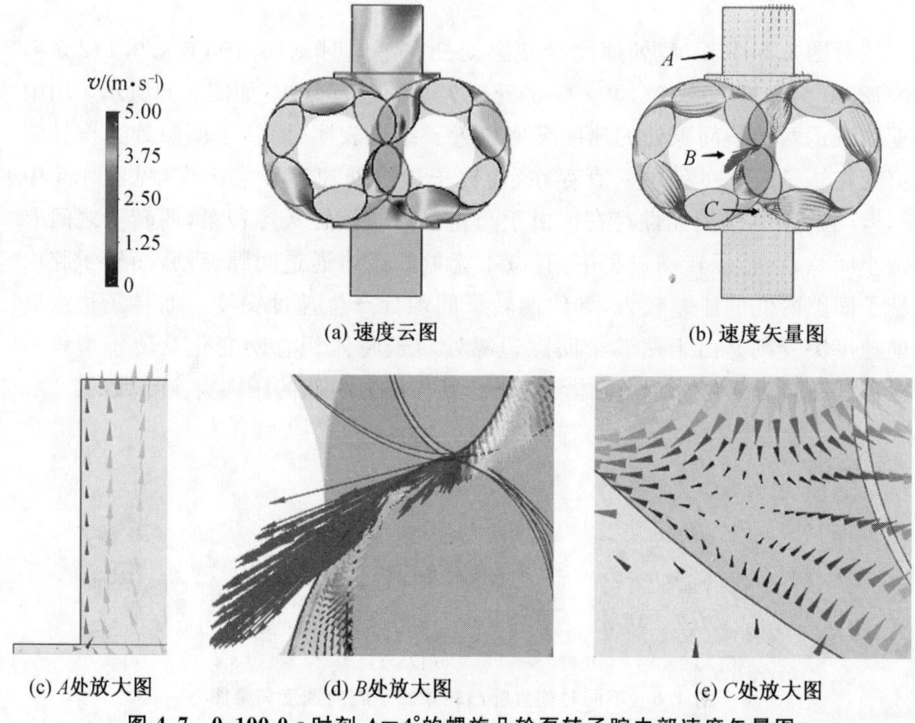

(a) 速度云图　(b) 速度矢量图

(c) A处放大图　(d) B处放大图　(e) C处放大图

图 4.7　0.100 0 s 时刻 A=4°的螺旋凸轮泵转子腔内部速度矢量图

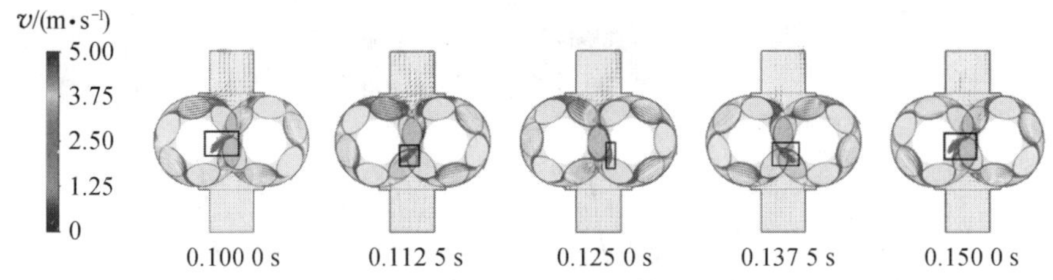

图 4.8　不同时刻 A＝45°的螺旋凸轮泵转子腔内部速度矢量图

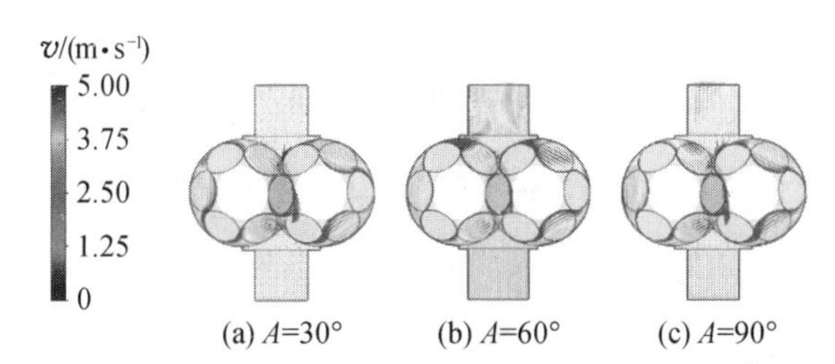

图 4.9　不同螺旋角凸轮泵转子腔内部速度矢量图

4.2.3　螺旋角对凸轮泵转子受力特性的影响

图 4.10 和图 4.11 分别为凸轮泵转动一周，直叶与螺旋凸轮泵转子所受径向激励力在 x，y 方向上分量的变化规律。从图 4.10 可看出，在泵运行过程中，两种转子所受径向激励力沿 x 方向分量的方向均发生改变，在一个周期内同时存在正负方向，而在 y 方向上的分量均未改变，但螺旋转子所受径向激励力沿 x，y 方向的瞬时分量脉动幅度均小于直叶转子。从图 4.11 可得，在泵运行过程中，螺旋转子存在轴向激励力，且其瞬时轴向激励力呈周期性变化，转子每旋转一圈，3 叶型数螺旋凸轮泵转子所受轴向激励力存在 3 个周期。图 4.12 为直叶和螺旋凸轮泵转子的瞬时转矩图，从图中可知，螺旋凸轮转子所受瞬时扭矩脉动幅度小于直叶转子，且在泵运行过程中，螺旋转子所受扭矩方向保持不变，而直叶转子改变了方向。结合图 4.10～图 4.12 可得，与直叶转子相比，螺旋凸轮转子在 x，y，z 方向上均受作用力(即同时受到径向激励力和轴向激励力)，其受力在各方向上的分量的脉动幅度明显小于直叶转子，可以显著改善转子各方向的受力状况。

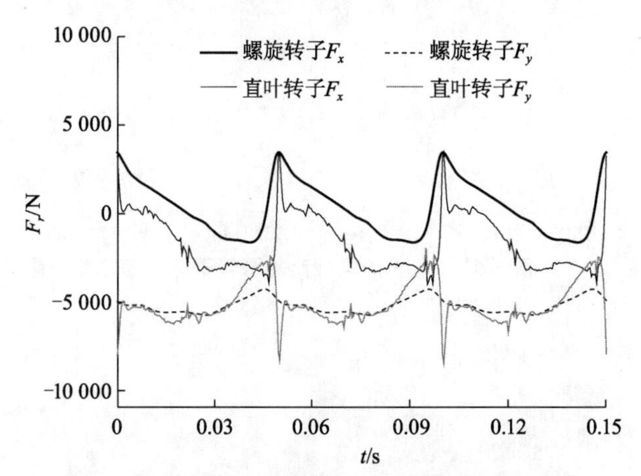

图 4.10　直叶与螺旋凸轮泵转子径向激励力分量

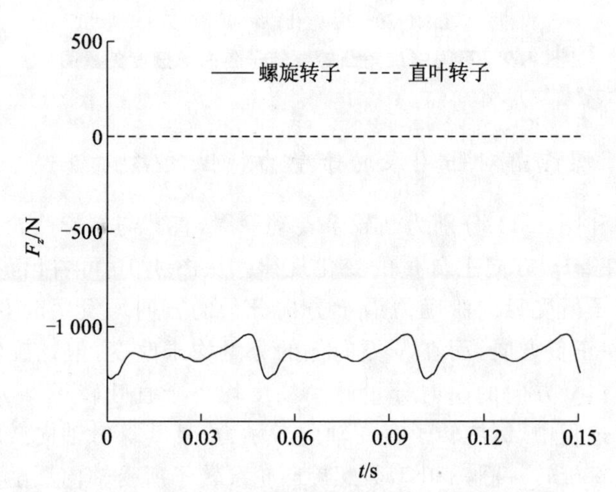

图 4.11　直叶与螺旋凸轮泵转子轴向激励力关系

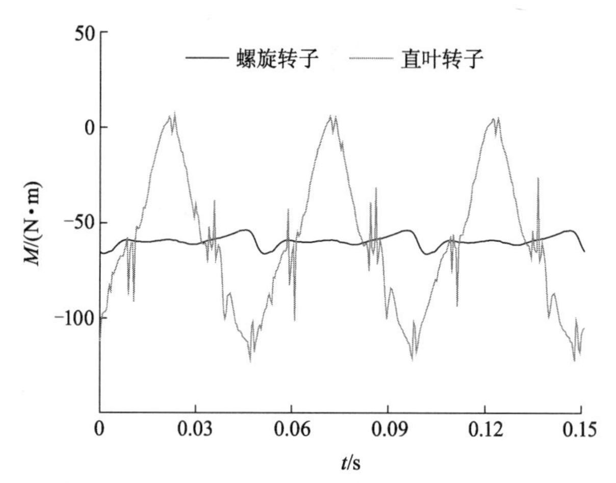

图 4.12 直叶与螺旋凸轮泵转子的瞬时转矩图

螺旋凸轮泵转子受力在 x,y,z 方向上均有分量,转子所受合力为

$$\vec{F}=\vec{F}_x+\vec{F}_y+\vec{F}_z \tag{4.3}$$

$$|\vec{F}|=\sqrt{|\vec{F}_x|^2+|\vec{F}_y|^2+|\vec{F}_z|^2} \tag{4.4}$$

图 4.13 为转子旋转一圈,直叶与螺旋凸轮泵转子所受瞬时激励力的变化规律。图 4.14 为不同螺旋角转子受力的变化规律。图 4-15 所示为不同螺旋角凸轮泵转子所受径向激励力的变化规律。由图 4.13 可得,直叶与螺旋凸轮转子所受瞬时合力周期性相同,在同一时刻达到最大值或最小值,同时,螺旋凸轮转子所受合力的脉动幅度明显小于直叶转子,改善了转子受力状况,延长转子寿命,减小了泵的振动与噪声。由图 4.14 可知,在螺旋凸轮泵中,随着转子的螺旋角逐渐增大,凸轮转子所受轴向激励力逐渐增大,且其增长幅度逐渐降低。从图 4.15 可知,随着转子螺旋角逐渐增大,凸轮泵转子所受径向激励力先减小后增大,在转子的螺旋角为 60°时达到最小值。

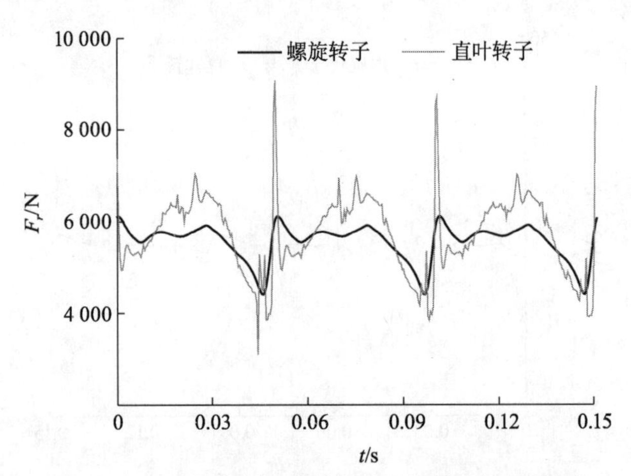

图 4.13　直叶与螺旋凸轮泵转子径向激励力变化规律

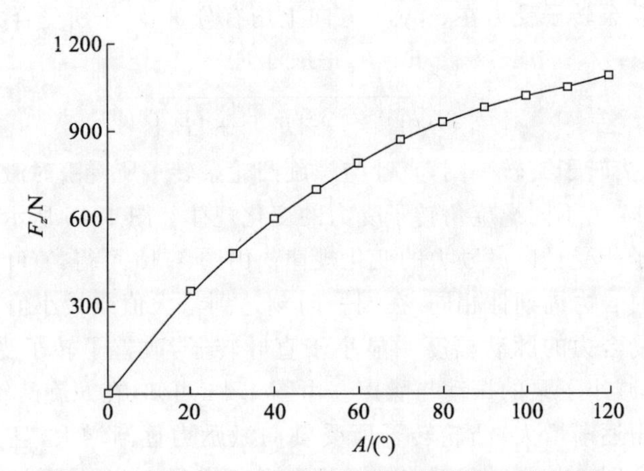

图 4.14　螺旋角对凸轮泵转子轴向激励力的影响规律

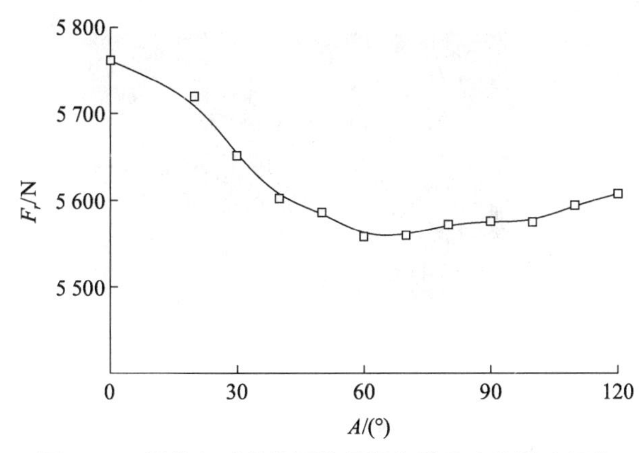

图 4.15 螺旋角对凸轮泵转子径向激励力的影响规律

4.3 数值模拟和外特性实验比较

4.3.1 凸轮泵闭式实验台

为了验证数值预测结果的准确性，选择直叶及转子螺旋角为 45°、60°的 3 叶型凸轮泵作为实验对象，搭建性能测试实验台，在不同转速（n=100,200,300,400,500 r/min）、不同出口压力（p_{out}=0.1,0.3,0.5,0.7,0.9 MPa）工况下使凸轮泵正常工作，然后对凸轮泵出口流量值进行实验测量，如图 4.16 所示。图 4.17 为凸轮泵转子实物图和三维模型图。

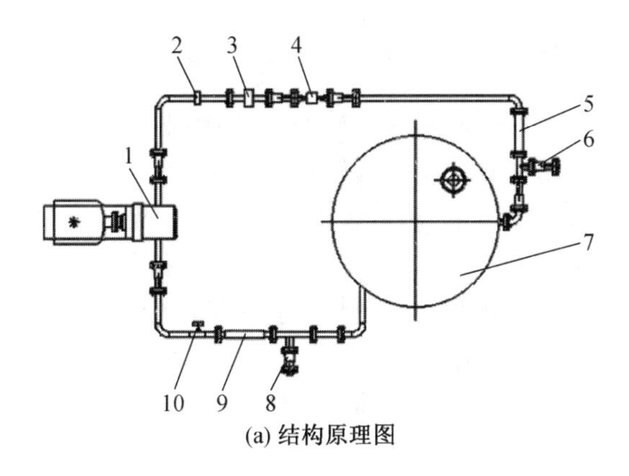

(a) 结构原理图

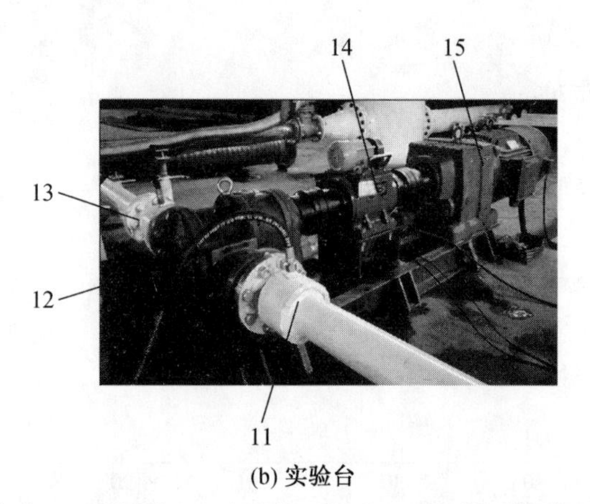

(b) 实验台

1—凸轮泵;2—压力表;3—流量计;4—水流指示器;5,9—透明PVC管;6,8,10—手动球阀;7—水箱;11,13—测压仪;12—凸轮泵;14—转速转矩仪;15—减速电动机

图 4.16　凸轮泵性能实验台

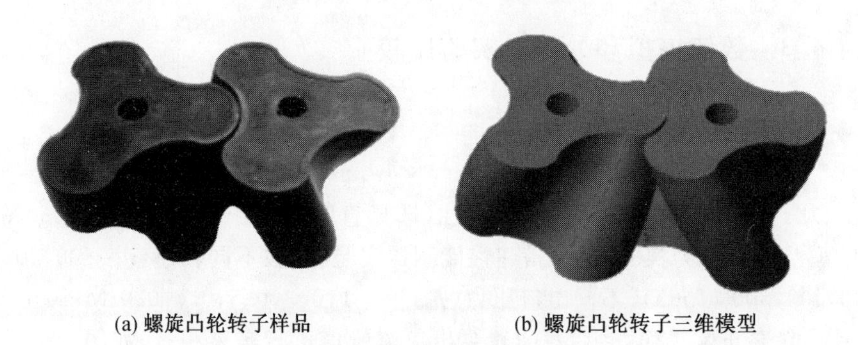

(a) 螺旋凸轮转子样品　　(b) 螺旋凸轮转子三维模型

图 4.17　凸轮泵螺旋转子体

4.3.2　凸轮泵性能预测和实验结果比较

图4.18所示为不同螺旋角的凸轮泵在不同出口压力、转速下,其理论计算、数值模拟及实验结果对比图。当转速 n=400 r/min时,手动调节出口球阀开度,泵出口流量逐渐增大,测量泵出口压力值和出口流量值,结果表明:凸轮泵出口压力和出口流量 $p_{out}-Q$ 特性曲线呈线性递减分布,出口压力值 p_{out}=0.1~0.9 MPa时,数值预测出口流量与实验测量的相对误差为2.5%~5.7%;手动调节出口球阀开度,使出口压力值 p_{out}=0.5 MPa时,调节减速电机频率,凸轮泵转速和出口流量 $n-Q$ 特性曲线呈线性增长分布。当转速从100 r/min提高至500 r/min时,直叶凸轮泵理论流量与数值预测值的相对误差为3%~5%。实验值与数值模拟结果存在误差,主要是未考虑轴向泄漏及机械损失,

其相对误差值均在合理范围内。凸轮泵样机性能指标满足设计要求，数值模拟具有较高的预测精度。由图可得，随着出口压力增大，凸轮泵出口流量减小趋势明显增大，且直叶凸轮泵流量减小趋势明显小于螺旋角为45°及60°的凸轮泵；随着转速、出口压力的变化，实验与数值模拟的流量变化趋势保持一致，其相对误差为2.5%～4.7%，数值模拟时未考虑泵的振动及轴向泄漏造成的损失，误差值在允许范围之内，凸轮泵样机的性能指标满足设计要求，同时实验验证了数值模拟的可靠性。

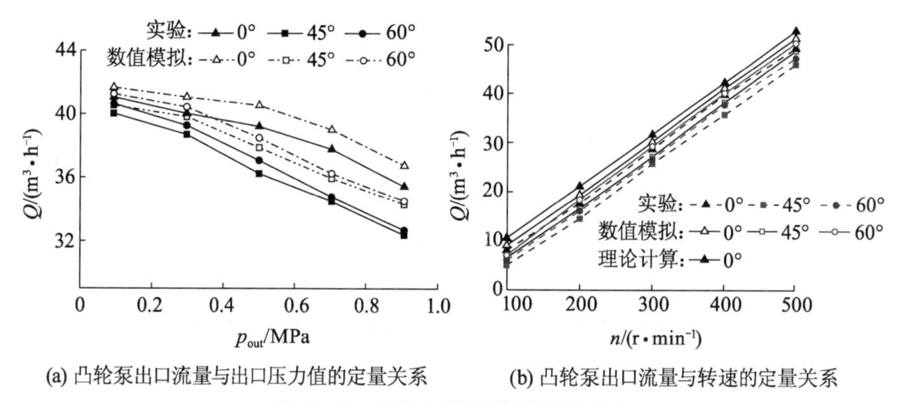

图 4.18 实验与数值模拟结果对比

4.4 小结

① 由于凸轮泵运行过程中转子产生急加速和减速运动，使泵出口产生周期性流量脉动特性。相比直叶转子，螺旋转子可以有效抑制转子腔内二次流、漩涡结构及转子间隙区速度突变现象，同时泵出口流量及脉动幅值均减小。

② 在螺旋凸轮泵中，当螺旋角为45°～60°时，转子腔出口流量脉动幅值最小，仅为直叶转子脉动幅值的60%；泵出口流量达最大值，其值为直叶转子出口流量的97%，故凸轮泵转子最优螺旋角取值为45°～60°。

③ 对直叶及螺旋角为45°和60°的凸轮泵进行性能实验，实验表明在变转速和变出口压力条件下，考虑到数值计算未计转子腔内轴向泄漏量，凸轮泵转子腔出口理论流量、数值模拟和实验结果的存在相对误差，其范围为2.5%～5.7%，在合理的误差范围内，具有较高的准确性。

5 叶型数对凸轮泵转子径向激励力的影响规律

为了扩大凸轮泵的工作参数范围，适应不同应用工况的特殊需求，转子多叶化已逐渐成为凸轮泵转子型线参数设计和选型的发展趋势。目前，国内外大多以 2 叶型数和 3 叶型数凸轮泵转子为研究对象，而对于多叶型数凸泵轮转子相关机理的研究较少。理论上，凸轮泵的性能不仅与转子型线、螺旋角、径长比有关，也与转子叶型数有密切关系。为了阐明转子叶型数对凸轮泵转子腔内部流动的影响规律，揭示叶型数和凸轮泵外特性曲线之间的关系，本章以 2 叶型数、3 叶型数、4 叶型数、5 叶型数、6 叶型数内外摆线凸轮泵为研究对象，对凸轮泵转子腔内部进行 CFD 动网格计算，通过分析转子叶型数对凸轮泵外特性、转子受力及内部流动的影响规律，为凸轮泵转子叶型数的设计和选型提供理论支撑。

5.1 不同叶型数的凸轮泵转子参数与建模

5.1.1 研究对象与额定参数

本章研究的凸轮泵转子采用 3 叶内外摆线组成的型线，为研究转子叶型数对凸轮泵性能和转子激励力的影响规律，在转子腔容积保持恒定的条件下，选择直叶内外摆线凸轮泵为研究对象。基本参数：额定转速 $n=400$ r/min，额定流量 $Q=64$ m^3/h。转子间、转子与转子腔之间均存在微小间隙，其中转子间隙为 0.4 mm，转子与转子腔间隙为 0.2 mm，进、出口端直径均为 100 mm，管长均设为 80 mm，转子径长比（R_m/L）均为 $\alpha=0.98$。转子其他设计参数如表 5.1 所示，转子的三维模型如图 5.1 所示。

表 5.1　不同叶型数的凸轮泵参数

叶型数	叶顶圆半径/mm	中心距/mm	转子长度/mm	容积利用系数
2	96.5	129	98.5	0.50
3	100.0	150	102.0	0.41
4	110.0	176	112.8	0.34
5	106.2	183	108.0	0.29
6	108.5	188	111.2	0.26

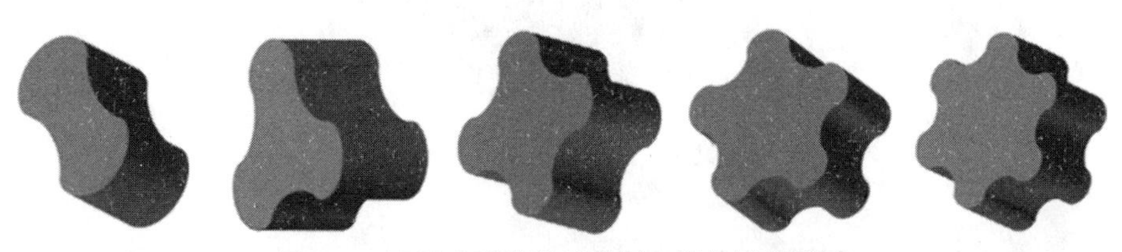

图 5.1　不同叶型数的凸轮泵三维转子体模型

5.1.2　不同叶型数的凸轮泵数值计算方法

凸轮泵计算域求解的控制方程采用 RANS 雷诺时均方程，RNG $k-\varepsilon$ 湍流模型和隐式求解器，采用 PISO 压力速度耦合模式。以 3 叶凸轮泵为例，整个网格区域分为转子、进口段及出口段 3 部分，由于转子啮合及转子与转子腔之间的间隙非常小，为了确保间隙处有足够的网格数量来保证计算精度，转子泵流域均采用四边形结构化网格，如图 5.2 所示。通过网格无关性和时间步长独立性验证，当转子腔计算域网格在 130 万时，网格扭曲度控制在 0.75 以内，计算结果趋于稳定。两转子设定为运动边界，两侧泵体设置为刚体，转子的运动方式由 UDF 编程输入。输送介质设置为常温清水，给定进口初始压力为 101.325 kPa，出口压力为 501.325 kPa，并对凸轮泵出口流量脉动、压力脉动及转子径向激励力等数值监测，计算收敛条件为出口流量脉动呈等幅值周期性波动。

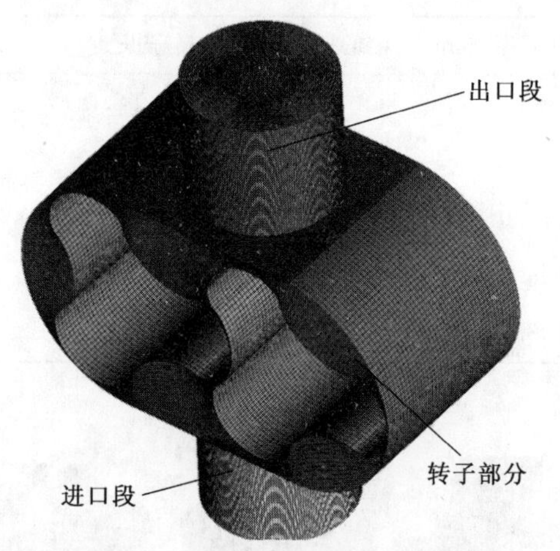

图 5.2　3 叶凸轮泵转子腔体网格

5.2　数值计算结果分析与讨论

5.2.1　叶型数对凸轮泵转子腔内流量特性的影响

图 5.3 所示为不同叶型数的凸轮泵在一个完整周期内出口瞬时流量脉动规律。由图可知，不同叶型数的凸轮泵的出口瞬时流量脉动均呈周期性变化，凸轮泵出口流量脉动在峰值处均存在不同程度的次级流量脉动，且流量脉动的极值点容易产生尖点。随着转子叶型数逐渐增多，凸轮泵出口瞬时流量脉动强度逐渐减小。同时，随着叶型数的增加，凸轮泵出口次级流量脉动显著衰减。叶型数的增加有效抑制了凸轮泵出口流量脉动在峰值产生的次级流量脉动。

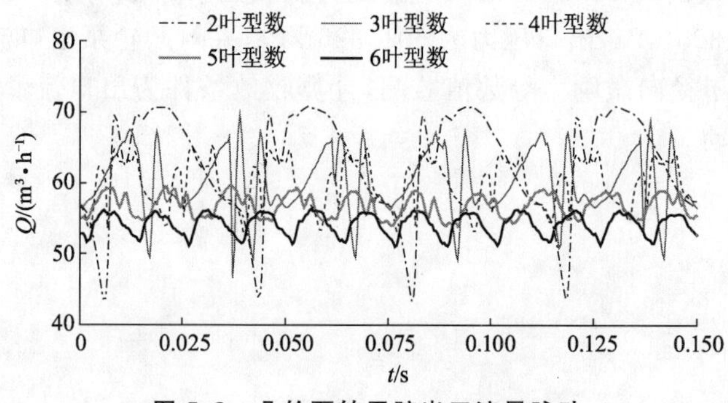

图 5.3　凸轮泵转子腔出口流量脉动

定义流量脉动系数 δ_Q 为

$$\delta_Q=\frac{Q_{max}-Q_{min}}{Q_{ave}} \tag{5.1}$$

式中：Q_{max} 为泵出口最大瞬时流量，m^3/h；Q_{min} 为泵出口最小瞬时流量，m^3/h；Q_{ave} 为平均流量，m^3/h。

图 5.4 所示为转子叶型数与凸轮泵出口平均流量的关系曲线。由图可知，随着叶型数的增多，凸轮泵出口平均流量呈现逐渐减小的趋势，但是流量脉动系数显著减小，此时凸轮泵转子腔出口流量脉动幅值逐渐减小，从而验证了图 5.3 中转子腔出口流量脉动数值计算结果的准确性。

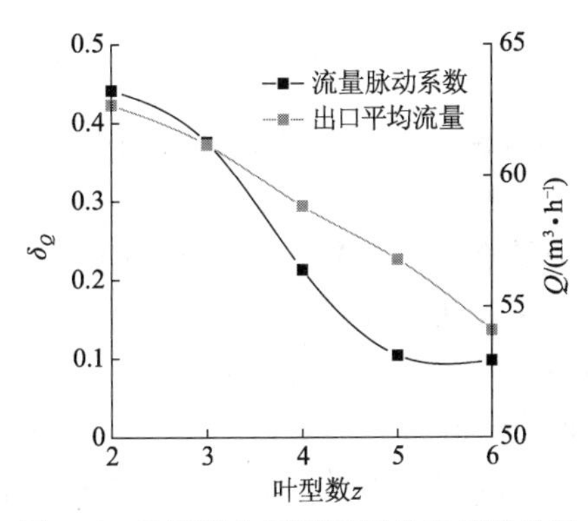

图 5.4 叶型数与泵出口平均流量的关系

5.2.2 叶型数对凸轮泵转子径向激励力的影响

(1) 叶型数对凸轮泵转子径向激励力分量 F_y 的影响

图 5.5 所示为不同叶型数的凸轮泵在一个完整周期内转子径向激励力分量 F_y 的变化规律。可以看出，转子所受径向激励力呈周期性变化，且随着叶型数的增加，转子腔高压侧流体对转子径向激励力分量 F_y 的脉动幅值呈现出先增大后减小的规律。4 叶型数时产生最大径向激励力峰值点，最大径向激励力分量 F_y 达 12.5 kN，方向指向 y 轴负方向，该峰值点对应于流量加速度 dQ/dt 的波峰处，此时 dQ/dt 达峰值点。6 叶型数时最大径向激励力分量 F_y 达 8 kN，比 4 叶型数时转子所受径向激励力分量 F_y 减小 36%，径向激励力分量 F_y 的脉动幅值显著降低。随着叶型数的增加，径向激励力分量 F_y 的脉动周期变短，脉动幅值减小，转子所受最大径向激励力分量 F_y 逐渐减小，而平均径向激励力分量 F_y 逐渐增大。叶型数与转子所受最大径向激励力分量 F_y 呈现非线性数学关系，而叶型数与平均径向激励力分量 F_y 呈线性关系。

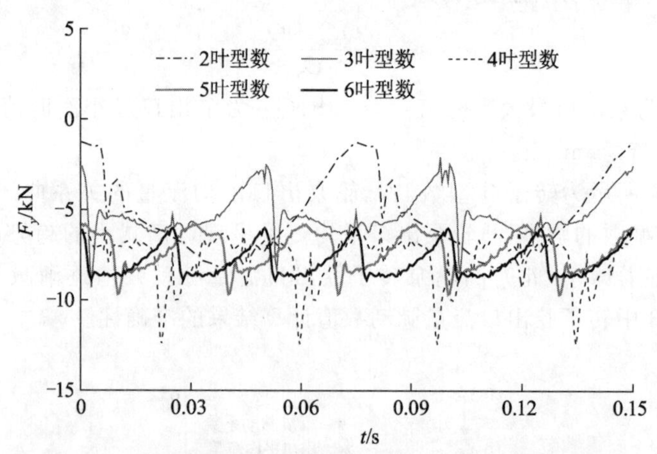

图 5.5　叶型数对凸轮泵转子径向激励力分量 F_y 的影响

(2) 叶型数对凸轮泵转子径向激励力分量 F_x 的影响

图 5.6 所示为不同叶型数凸轮泵一个完整周期内转子径向激励力分量 F_x 的变化规律。可以看出，随着叶型数的增加，转子腔高压侧液流对转子径向激励力分量 F_x 的脉动幅值逐渐减小，2 叶型数时，转子所受径向激励力分量 F_x 达最大值，此时 F_x 值达 17 kN。当叶型数为 3 时，转子受到沿 x 轴负方向的最大径向激励力分量 F_x 达 7 kN，并且此方向所受的径向激励力分量 F_x 的脉动幅值显著减小。

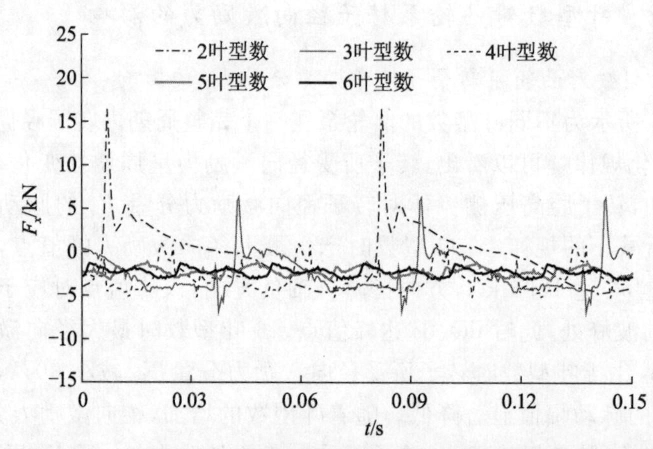

图 5.6　叶型数对凸轮泵转子径向激励力分量 F_x 的影响规律

(3) 凸轮泵转子径向激励力的四象限分布规律

图 5.7a 所示为凸轮泵转子旋转一个完整周期，不同叶型数的凸轮泵左转子所受径向激励力分布规律。由图可以看出，左转子所受径向激励力主要分布在第三、四象限，左转子主要受到沿 y 轴负方向的径向激励力分量 F_y 的影响。左转子受到沿 x 方向的径向激励力分量 F_x 的大小和方向均有显著变化，所以沿 x 方向径向激励力分量 F_x 主要受转子交变载荷的影响。5，6 叶型数的转子所受径向激励力分布均在第三象限，即在转子运行过程中沿 x，y 方向的径向激励力分量 F_x 和 F_y 的方向均保持不变，且受力分布较为集中。

为了阐明运行过程中凸轮泵转子径向激励力的变化规律，以 3 叶凸轮泵转子为例进行数值分析，如图 5.7b 所示。研究表明，转子径向激励力的方向及大小均随转子的转动不断变化，一个周期内转子所受径向激励力矢量沿着 $A-B-C-D-E$ 变化，且在点 C($3T/5$ 时刻)和点 D($4T/5$ 时刻)附近径向激励力达最大值。

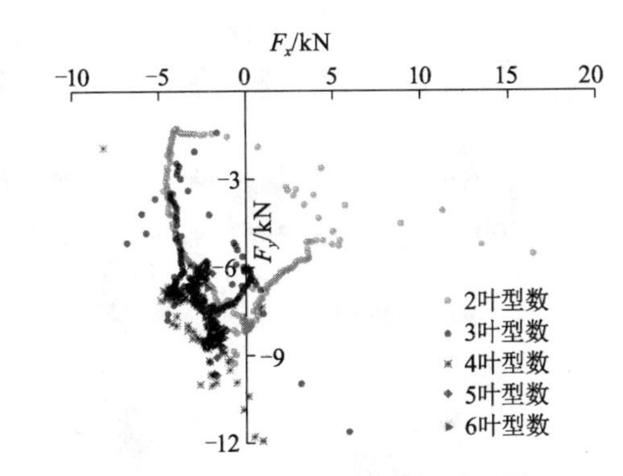

(a) 不同叶型数左转子径向激励力四象限图

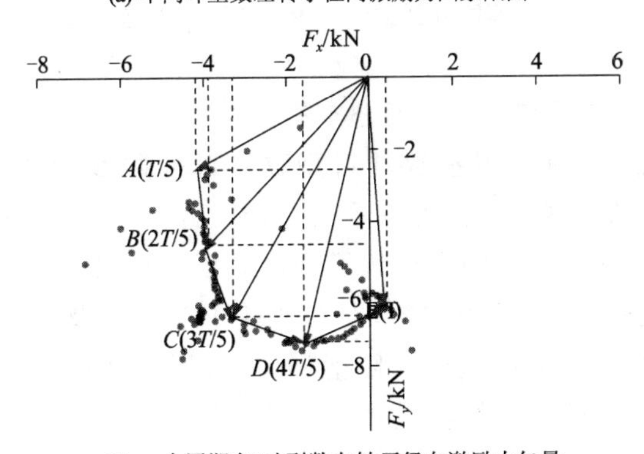

(b) 一个周期内3叶型数左转子径向激励力矢量

图 5.7　左转子径向激励力矢量分布规律

5.2.3 叶型数对凸轮泵转子腔内流动分布的影响

(1) 叶型数对转子腔内部静压分布的影响

图 5.8 所示为同一时刻,不同叶型数的凸轮泵转子腔内部的静压分布。可以看出,随着叶型数的增多,凸轮泵转子腔内部的过渡区随之增加。当共轭转子同步反向旋转时,转子腔内高压区液体在压差作用下通过微小间隙泄漏到转子腔过渡区,但由于高压区液体回流到过渡区的液体较少,因而过渡腔中液体的静压升较为有限。随着叶型数的增多,过渡区的数量随之增多,导致转子腔内高压区液体泄漏到过渡区的过程中,其两侧的压差和泄漏量逐级递减,所以转子腔过渡区内静压值下降幅度不大,仅仅略低于高压区液体的静压值。总之,转子多叶化可以有效抑制转子间隙瞬间开启形成的泄压效应,避免液体泄漏过程转子所受的回流冲击效应,从而有效减小凸轮泵转子的径向激励力,提高泵的运行平稳性。

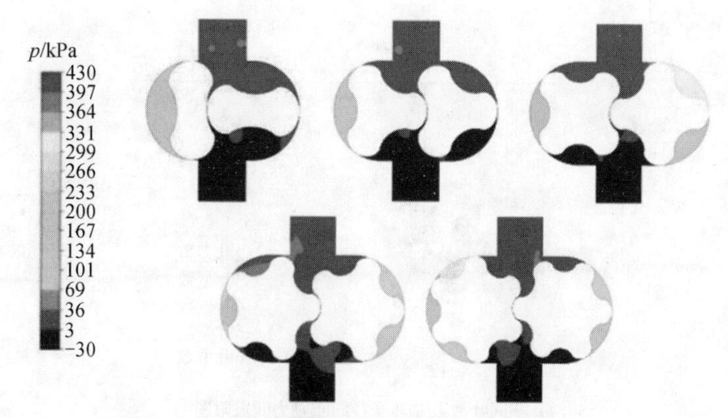

图 5.8 不同叶型数的凸轮泵转子腔内静压分布

(2) 叶型数对转子腔内部速度分布的影响

图 5.9 为同一时刻,2 叶型数、3 叶型数、4 叶型数、5 叶型数和 6 叶型数的凸轮泵转子腔内部流线分布。可以看出,凸轮泵出口端两侧角区均存在明显的反向双回流涡,两转子的啮合导致了进口低压区和出口高压区的流动分离现象,转子腔内速度分布较为均匀,但在两转子啮合处及其转子与转子腔内壁间隙处,由于存在较为明显的间隙泄漏流动,因而此处间隙两侧的回射流速度较高,直接影响凸轮泵的容积效率和转子腔出口流量特性。随着叶型数的增多,转子腔内及出口处的漩涡数量及强度明显较小,使转子腔内部流动更为平稳。

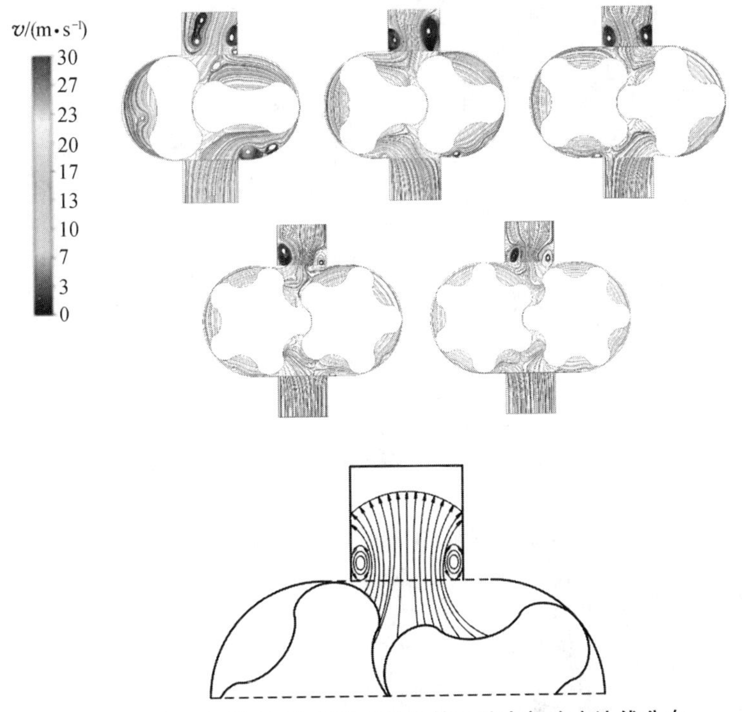

图 5.9　同一时刻不同叶型数凸轮泵转子腔内部速度流线分布

图 5.10 为同一时刻，不同叶型数的凸轮泵内部流动速度矢量图，其中图 5.10a 为不同叶型数的凸轮泵转子腔速度矢量图，图中 A，B 分别表示泵出口流道的二次流和漩涡现象、两转子间隙处的速度突变现象，图中 C，D，E 分别表示两转子啮合处及转子附近出现回流现象。图 5.10b、图 5.10c 分别表示不同叶型数的凸轮泵在 A 和 C 处的速度矢量局部放大图。由图 5.10a 可得，不同叶型数的凸轮泵两转子及转子与壳体间隙处均出现速度异常突变，且随着叶型数增多，转子腔内部漩涡数目增多，凸轮泵转子附近的速度矢量增大。由图 5.10b、图 5.10c 可知，随着转子叶型数的增多，凸轮泵转子腔出口端的二次流和漩涡现象显著减弱，转子腔内部漩涡强度得到明显衰减。

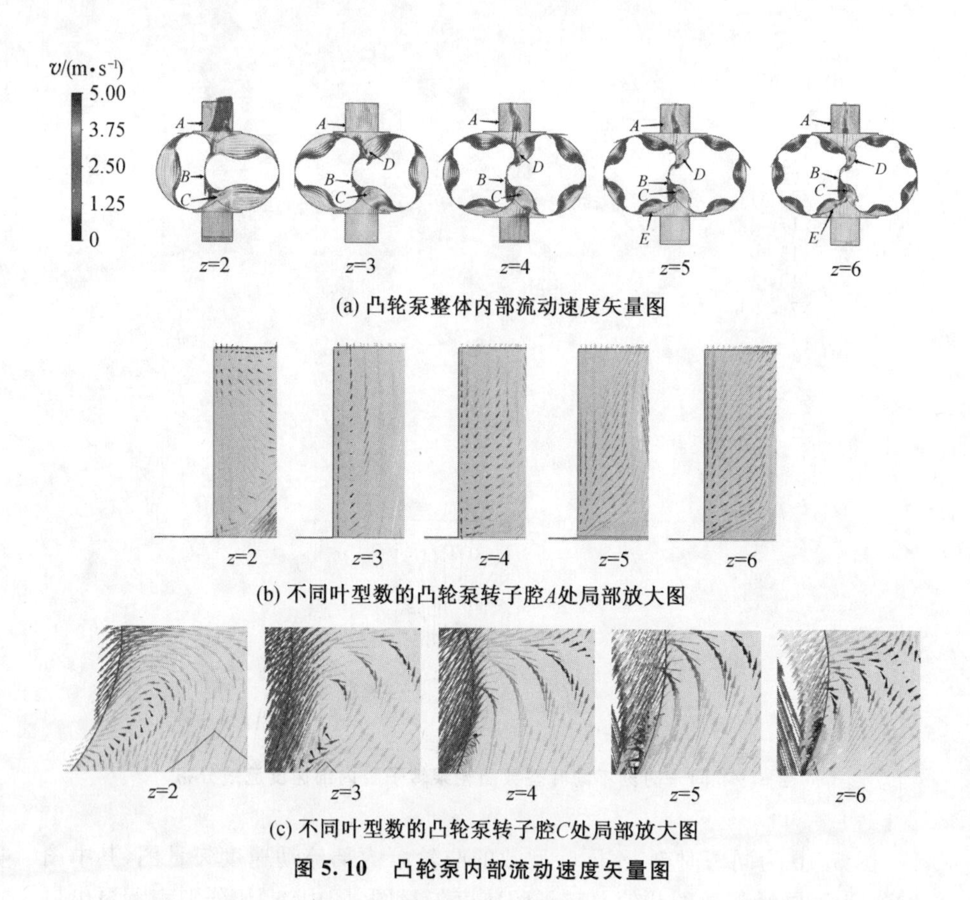

(a) 凸轮泵整体内部流动速度矢量图

(b) 不同叶型数的凸轮泵转子腔A处局部放大图

(c) 不同叶型数的凸轮泵转子腔C处局部放大图

图 5.10　凸轮泵内部流动速度矢量图

5.3　凸轮泵样机性能实验验证

5.3.1　凸轮泵闭式实验系统

为验证 CFD 数值计算的精确度，选取 2 叶型数、3 叶型数及 4 叶型数的凸轮泵作为实验研究对象，搭建的凸轮泵性能测试实验台如图 5.11 所示。如表 5.2 所示，实验通过调整凸轮泵进、出口压差值，获得进、出口压差和凸轮泵出口流量及效率的定量关系。其中，凸轮泵性能实验及数值计算均采用相对压力，测试仪器包括：压力变送器、JN338 扭矩仪、RDC2512B 型低电阻测量仪、温度传感器、BK－1 型轴向力传感器、JW－3 扭矩仪、电磁流量计和电动平衡阀等。

表 5.2 实验条件下进、出口压差值

p_{in}/kPa	p_{out}/MPa	$\Delta p = p_{out} - p_{in}$/MPa
−3.800	0.047	0.051
−3.000	0.095	0.098
−2.300	0.193	0.195
0.120	0.296	0.296
0.150	0.433	0.433
0.020	0.593	0.593
0.320	0.734	0.734
0.450	0.825	0.825
0.600	0.891	0.890
0.950	0.972	0.971
1.100	1.104	1.103
1.400	1.197	1.196
2.100	1.291	1.289
5.600	1.413	1.407

5.3.2 性能实验与数值预测结果比较

图 5.11 所示为不同进、出口压差条件下凸轮泵性能实验与数值预测的对比结果。实验时通过手动调节出口球阀开度来控制进出口压差值，同时对出口流量进行监测。结果表明：随着进出口压差的递增，凸轮泵出口流量特性曲线呈线性下降趋势；随着叶型数的增加，凸轮泵的出口流量呈逐渐下降趋势。同时，随着进出口压差的增加，凸轮泵效率特性曲线呈先增大后下降的趋势，当进出口压差值 $\Delta p = 0.2$ MPa 时凸轮泵效率达最高值（70%），随着压差的继续增加，凸轮泵效率缓慢下降；随着叶型数的增加，凸轮泵的效率逐渐增大。图 5.11 表明，凸轮泵出口流量和效率的数值预测值和实验值误差小于 5.6%，实验值与数值模拟结果存在一定误差，主要原因是数值模拟时未考虑转子腔内部径向泄漏、轴向泄漏及机械损失等因素，其相对误差值均在合理的范围，数值预测值具有较好的可信度。

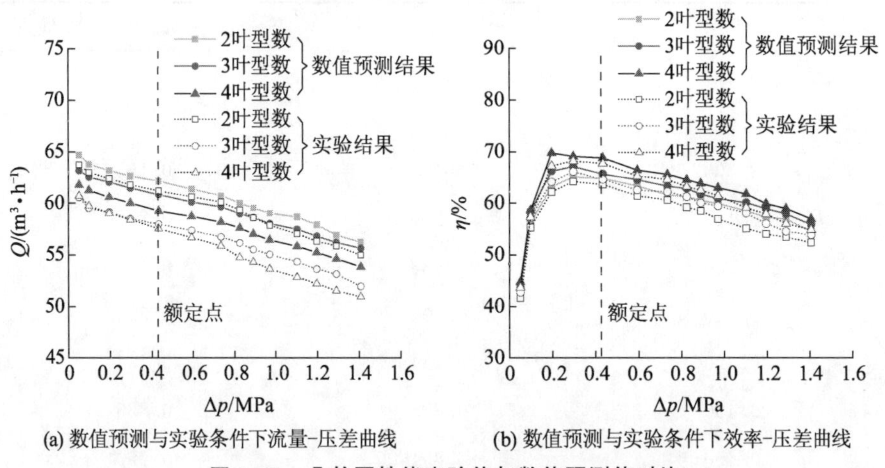

(a) 数值预测与实验条件下流量-压差曲线　(b) 数值预测与实验条件下效率-压差曲线

图 5.11　凸轮泵性能实验值与数值预测值对比

5.4　小结

① 随着转子叶型数的增多，凸轮泵出口平均流量逐渐减小，瞬时流量脉动幅值逐步减小，转子腔高压区和低压区之间形成多级串联的过渡腔，可有效降低径向间隙两侧压差，减小径向泄漏量，缓解间隙瞬间开启形成的泄压效应，显著降低转子受到的回流冲击效应，减小高压腔液流对转子径向激励力。

② 随着叶型数的增多，转子腔高压侧流体对转子径向激励力 F_y 的脉动幅值呈现先增大后减小的趋势，4 叶型数时最大径向激励力分量 F_y 为 12.5 kN，6 叶型数时最大径向激励力达分量 F_y 达 8 kN。同时，随着叶型数的增加，转子腔高压侧液流对转子径向激励力分量 F_x 的脉动幅值逐渐减小，2 叶型数时最大径向激励力分量 F_x 达 17 kN，5 叶型数和 6 叶型数时转子仅受沿 x 负方向的径向激励力分量 F_x，且径向激励力脉动幅值显著减小。

③ 针对 2,3,4 叶型数的凸轮泵进行性能实验，结果表明，不同进出口压差条件下，忽略数值计算中转子腔的轴向泄漏量，凸轮泵出口流量的数值预测和实验值误差小于 5.6%，数值预测具有较高的准确性。

6

转子径长比对凸轮泵性能影响的数值分析与实验研究

径长比是凸轮泵转子型线设计的主要参数，对凸轮泵的流量特性、内部流动、转子受力等性能参数及轴的设计都有直接影响。现有文献涉及凸轮泵转子径长比的研究较少。为了研究转子径长比对凸轮泵的影响规律，本章采用工业上应用较为广泛的内外摆线作为凸轮泵转子型线，在保持转子腔容积不变的条件下，以 6 种不同径长比的 3 叶型数直叶凸轮泵为研究对象，并基于 PumpLinx 动网格技术和 RNG $k-\varepsilon$ 湍流模型，在不同工况下，对凸轮泵转子腔内部进行三维流动的数值分析，研究转子径长比对凸轮泵转子腔内部流动的影响规律，建立径长比和凸轮泵特性曲线的定量关系，获得轴系径向载荷分布特性，为凸轮泵转子优化设计和轴系强度计算提供依据。

6.1 凸轮泵转子径长比的设计参数

6.1.1 转子径长比的定义

通常径长比 α 的取值范围在 0.3～2 之间。凸轮泵转子设计不仅与转子型线、螺旋角、转子间隙有关，还与转子径长比有关。转子径长比和作用在转子上的作用力密切相关，该作用力主要包括转子所受的轴向激励力和径向激励力。

定义转子径长比 α 为

$$\alpha=\frac{R_m}{L} \tag{6.1}$$

如图 6.1 所示，R_m 为转子叶顶圆半径，L 为转子轴向长度，同一转子型线参数，可选择不同的径长比 α 值，从而在一定范围内扩宽凸轮泵产品的工作范围，实现产品的系列化和模块化。径长比是凸轮泵转子的基本几何参数。

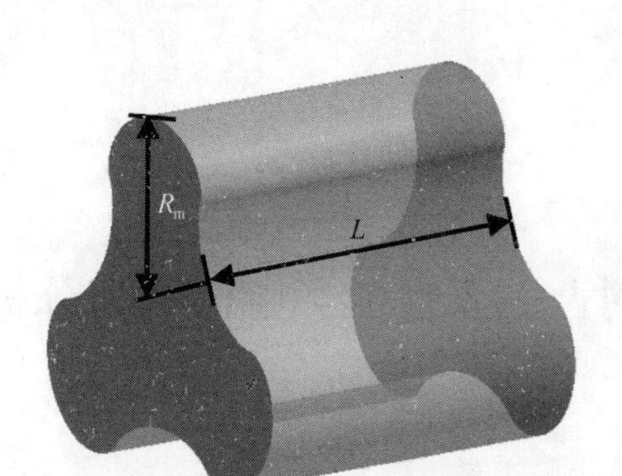

图 6.1　转子径长比图示

6.1.2　转子径长比的主要参数

本研究对象为直叶凸轮转子,即认为作用在转子上的轴向激励力为0。如表6.1和图6.2所示,保持凸轮泵转子腔内容积不变,分别建立径长比为0.34,0.50,0.70,0.98,1.30,1.70的凸轮泵三维模型。主要额定参数为:额定转速 $n=400$ r/min,额定流量 $Q=64\ m^3/h$。由于凸轮泵是非接触式容积泵,因而两转子之间、转子与转子腔、转子与轴向衬板之间均存在微小间隙,其中转子间隙为0.1 mm,转子与转子腔间隙为0.05 mm,转子与转子腔衬板的轴向间隙为0.05 mm。基于Pro/Engineering软件建立凸轮泵计算域的三维模型,其中进出口端管径均为80 mm,进出口端轴向长度均为75 mm。

表 6.1　转子径长比设计方案

α	R_m/mm	L/mm
0.34	70	208.9
0.50	80	160.0
0.70	90	126.5
0.98	100	102.5
1.30	110	84.7
1.70	120	71.2

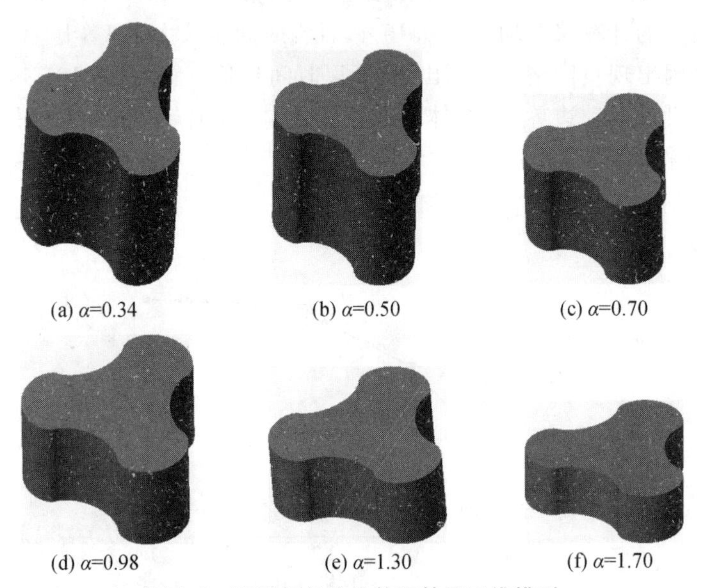

图 6.2　不同径长比凸轮泵转子三维模型

6.2　凸轮泵转子腔内数值计算与实验研究

6.2.1　转子径长比的数值计算

凸轮泵内部为三维不可压缩黏性湍流流场，建立相对坐标系的雷诺时均 N－S 方程，基于 RNG $k-\varepsilon$ 湍流模型和 PISO 算法，采用二阶迎风格式离散控制方程组并进行迭代求解，设定收敛精度为 10^{-4}。固壁面为无滑移壁面，近壁面按标准壁面函数法处理。以 3 叶凸轮泵为例，整个网格区域分为转子部分、进口段及出口段 3 部分，由于转子间啮合及转子与转子腔之间的间隙非常小，因而为了确保间隙处有足够的网格数量来保证计算精度，凸轮泵计算域采用结构化网格。输送介质设置为常温清水，给定进口初始压力为 101.325 kPa，出口压力为 501.325 kPa，并对凸轮泵出口流量脉动、压力脉动及转子径向激励力等进行数值监测，计算收敛条件为出口流量脉动呈等幅值周期性波动。

如图 6.3 所示为网格无关性验证结果。分析表明：计算域网格数分别为 1.30×10^{6} 和 1.35×10^{6} 时，出口平均流量的计算结果误差为 0.12%；当计算域网格数分别为 1.20×10^{6} 和 1.25×10^{6} 时，出口平均流量的计算结果误差为 0.8%。随着网格数量的增加，计算误差逐渐减小，最终选取计算域网格数为

1.30×10^6。另外,验证了时间步长独立性,网格数为 1.30×10^6 时,3 种不同时间步长下的计算误差均小于 0.15%,且当时间步长大于 1×10^{-5} s 时,计算过程中会因出现负网格体积而出错,所以时间步长设置为 1×10^{-5} s。计算将两个转子设为运动边界,将泵体两端设为刚体,同时转子转动由用户定义函数(UDF)来定义。

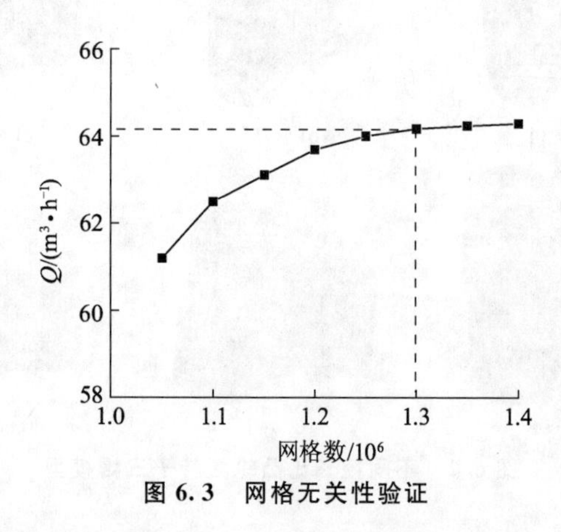

图 6.3　网格无关性验证

6.2.2　实验分析与讨论

为了验证 CFD 数值计算的精确度,选取径长比 α=0.98 的凸轮泵作为实验研究对象,搭建凸轮泵闭式测试实验台,对不同进、出口压差条件下的凸轮泵转子腔内流量特性进行实验测试。表 6.2 所示分别为实验条件下不同进出口压差值,凸轮泵性能实验及数值计算均采用相对压力。测试仪器包括:压力变送器、JN338 扭矩仪、RDC2512B 型低电阻测量仪、温度传感器、BK-1 型轴向力传感器、JW-3 扭矩仪、电磁流量计和电动平衡阀等,并以常温清水为实验测试的输送介质。

表 6.2　实验条件下的进、出口压差值

p_{in}/kPa	p_{out}/MPa	$\Delta p = p_{out} - p_{in}$/MPa
0.120	0.296	0.296
0.150	0.433	0.433
0.200	0.593	0.593
0.320	0.734	0.734

续表

p_{in}/kPa	p_{out}/MPa	$\Delta p=p_{out}-p_{in}$/MPa
0.450	0.825	0.825
0.600	0.891	0.890
0.950	0.972	0.971
1.100	1.104	1.103

图 6.4 所示为不同进出口压差条件下凸轮泵转子腔内数值模拟及实验对比结果。当转速 n=400 r/min 时,实验过程中通过手动调节出口球阀开度来控制进出口压差,同时对凸轮泵出口流量脉动进行参数监测。结果表明:随着进出口压差的增加,凸轮泵转子腔出口平均流量逐渐减小,且数值预测和实验测量分别得到的出口平均流量和效率的相对误差均在 3%之内;实验值与数值预测结果存在较小的误差,主要原因是在数值计算过程中未考虑轴向泄漏及机械损失等因素,其相对误差值均在合理范围。因此采用 RNG $k-\varepsilon$ 湍流模型可以预测凸轮泵的性能,具有较好的准确性和参考价值。

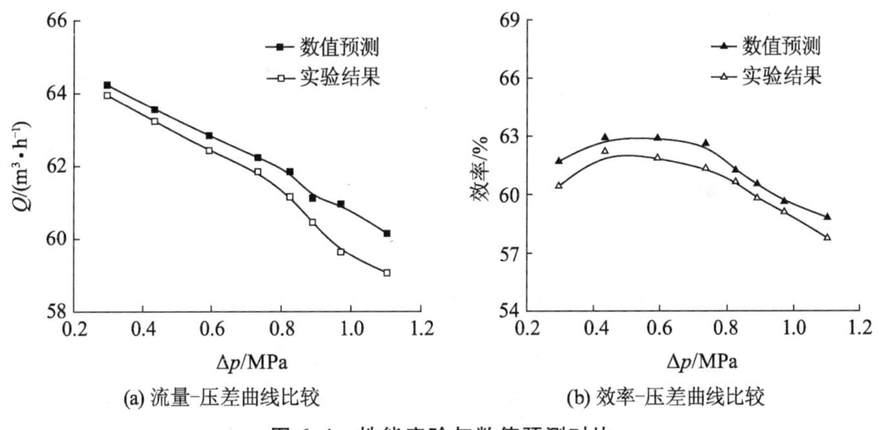

(a) 流量-压差曲线比较　　(b) 效率-压差曲线比较

图 6.4　性能实验与数值预测对比

当转速 n=400 r/min 时,通过不断手动调节出口球阀开度使出口压力值达到预定值(p_{out}=0.1,0.3,0.5,0.7,0.9 MPa),由流量计测得不同出口压力下的泵出口流量值;手动调节出口球阀开度,使出口压力值 p_{out}=0.5 MPa 时,通过调节减速电动机频率,使泵的转速达到预定值(n=100,200,300,400,500 r/min),由流量计测得不同转速下的泵的出口流量值。图 6.5 为径长比α=0.98 的凸轮泵性能实验与数值预测对比图,结果表明:凸轮泵出口压

力值与出口流量值 $p_{out}-Q$ 特性曲线呈线性递减分布规律，出口压力值 $p_{out}=0.1\sim0.9$ MPa 时，数值预测出口流量比实验测量值大 2.0%～4.1%；凸轮泵转速和出口流量 $n-Q$ 特性曲线呈线性增长分布，当转速从 100 r/min 增大至 500 r/min 时，数值模拟与实验结果的相对误差值为 3.8%～5%，产生误差的主要原因为数值计算时未考虑转子腔内轴向泄漏所产生的容积损失及泵转子振动所产生的机械损失。误差值在合理范围内，因此凸轮泵样机性能指标满足设计要求，数值预测具有较高的准确性。

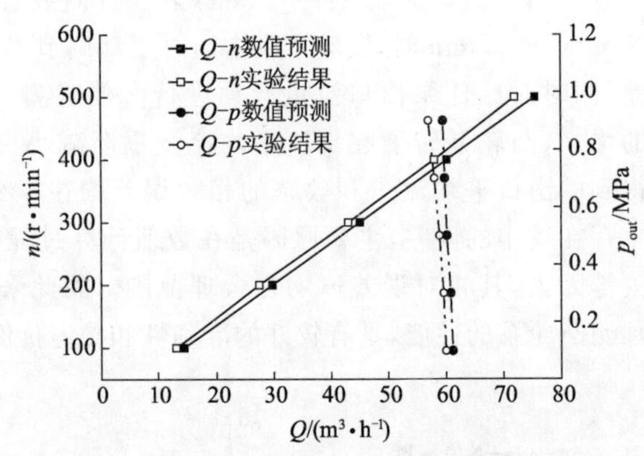

图 6.5　凸轮泵性能实验结果与数值预测对比

6.3　凸轮泵转子腔内部流动数值分析与讨论

6.3.1　径长比对凸轮泵转子腔内流量特性的影响

图 6.6 和图 6.7 分别为额定工况下，不同径长比的凸轮泵出口平均流量及瞬时流量脉动曲线。分析表明：转子径长比对凸轮泵出口流量特性有显著影响，随着径长比的增大（α 由 0.34 增大至 1.70），凸轮泵出口平均流量值先增至峰值点（当 $\alpha=0.98$ 时），随后呈缓慢下降的趋势。瞬态条件下，随着径长比的逐渐增大（α 由 0.34 增大至 1.70），凸轮泵出口瞬时流量脉动幅值呈下降趋势，出口流量脉动具有明显的周期性特征，凸轮泵转子每旋转一周，流量脉动具有 6 个峰值的周期性特征，周期时间约为 0.025 s，且出口流量脉动呈"M"形双峰值特征，这种流量脉动的"M"形双峰值特征缺陷和凸轮泵转子型线、螺旋角有直接的关系，可通过凸轮泵转子型线优化，或采用螺旋转子来解决流量脉动的"M"形双峰值缺陷问题，从而提高凸轮泵运行参数的稳定性指

标。当 α=0.70～1.30 时，转子径长比对凸轮泵出口流量脉动的影响不敏感，凸轮泵出口流量变化较小，因此转子径长比 α=0.70～1.30 时凸轮泵转子腔内具有较好的流量特性，通常转子径长比 α 的最优范围为 0.70～1.30。

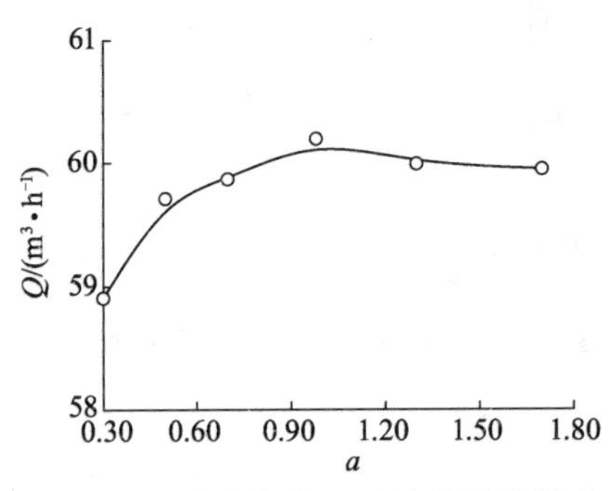

图 6.6 径长比与出口平均流量的关系

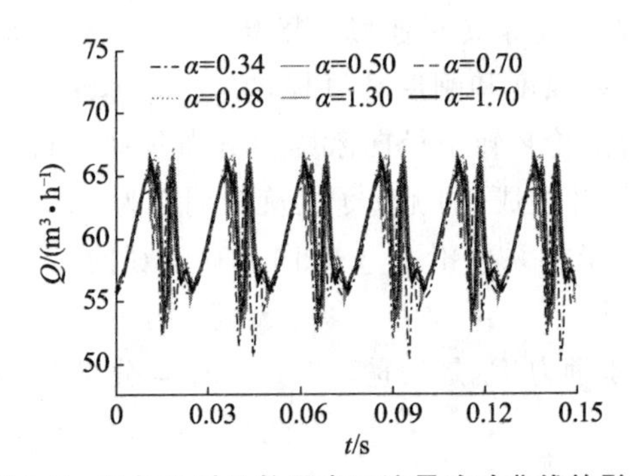

图 6.7 径长比对凸轮泵出口流量脉动曲线的影响

图 6.8 为径长比 α 与凸轮泵出口瞬时流量脉动强度的关系曲线，流量脉动强度通常使用流量不均匀系数 δ_Q 表示：

$$\delta_Q=\frac{Q_{\max}-Q_{\min}}{Q_{\text{ave}}} \tag{6.2}$$

式中：$Q_{\max}$ 为最大瞬时流量；$Q_{\min}$ 为最小瞬时流量；Q_{ave} 为平均流量。

结果表明：径长比 α 对凸轮泵出口流量脉动强度有显著影响，随着径长比的逐渐增大（α 从 0.34 增大至 0.70），凸轮泵出口流量脉动强度显著降低。当径长比 α 在 0.70～1.70 范围时，凸轮泵出口流量脉动强度稳定在较低的数值，此时凸轮泵出口流量脉动幅值较小，泵的运行较为平稳。综合考虑，凸轮泵径长比 α 的最优范围为 0.70～1.30。

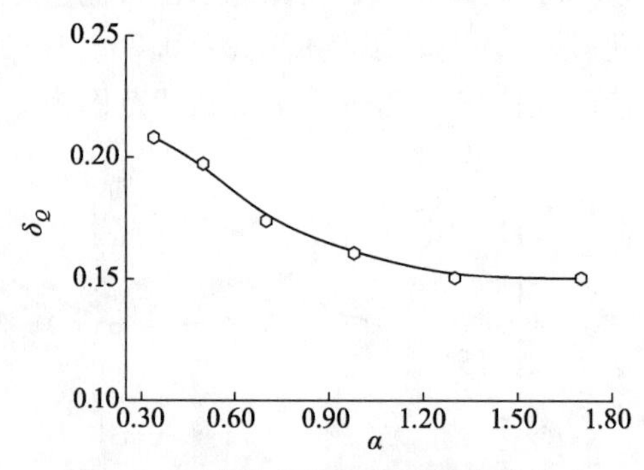

图 6.8　径长比和流量脉动强度的关系

6.3.2　径长比对凸轮泵转子径向激励力的影响

转子激励力是设计凸轮泵主轴轴径及主轴强度和刚度校核的重要参数，为了揭示径长比 α 对凸轮泵转子激励力的影响规律，获得轴系径向载荷的分布特性，为凸轮泵轴系强度和刚度计算提供依据。基于 PumpLinx 动网格技术，在瞬态条件下对凸轮泵转子径向激励力分布规律进行数值预测。凸轮泵转子体由 3 叶型数直叶组成，共轭转子的旋转周期为 120°，且转子只受径向激励力作用，即笛卡尔坐标系中沿 x，y 方向上存在径向激励力分量，沿 z 方向上无轴向激励力分量。

转子所受径向激励力 F_r 是矢量，其合力 F_r 与分量 F_x，F_y 之间满足：

$$\vec{F}_r=\vec{F}_x+\vec{F}_y \tag{6.3}$$

$$|\vec{F}_r|=\sqrt{|\vec{F}_x|^2+|\vec{F}_y|^2} \tag{6.4}$$

图 6.9 所示为额定工况下，径长比 $\alpha=0.98$ 的凸轮泵转子旋转 360°时左、右两转子所受瞬态径向激励力分布图。由图中可得，凸轮泵左、右转子所受径向激励力大小相等，而径向激励力矢量方向关于 y 轴呈对称分布，即左转子所受径向激励力位于第三象限，右转子所受径向激励力位于第四象限。图 6.10 为额定工况下，不同径长比的凸轮泵左转子所受径向激励力的分布规律。结果表明，随着转子径长比的逐渐增大，左转子所受径向激励力逐渐减小，所以选择较大的径长比可以显减小凸轮泵转子径向激励力的数值，从而改善凸轮泵运行的稳定性。另外，图 6.9 和图 6.10 中径向激励力矢量的若干离散点，均为内外摆线非光滑过渡产生的径向激励力突变，可以通过优化内外摆线凸轮泵转子型线方程来消除径向激励力的突变现象。

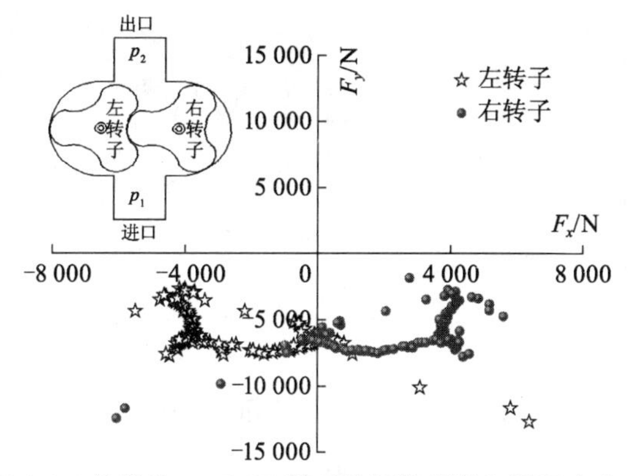

图 6.9　径长比 α＝0.98 的凸轮泵转子径向激励力分布

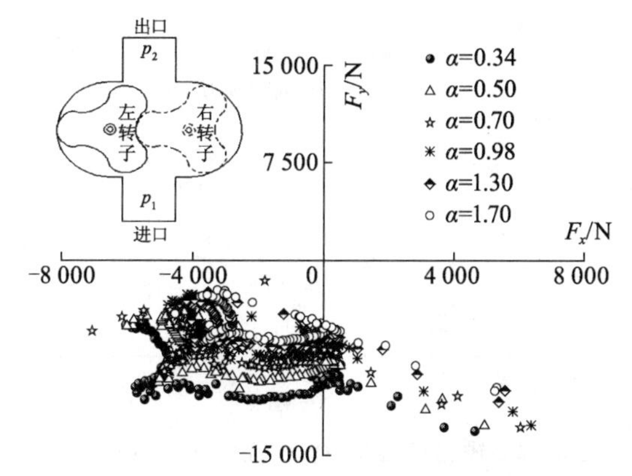

图 6.10　径长比对凸轮泵左转子径向激励力的影响

额定工况下，不同转子径长比、进出口压差和转速等参数对凸轮泵转子所受最大径向激励力、平均径向激励力和最小径向激励力的影响规律如图 6.11 至图 6.13 所示。从图 6.11 可以看出，随着径长比的增大，转子所受平均径向激励力、最大径向激励力、最小径向激励力均呈减小趋势，转子所受径向激励力的脉动幅值逐渐减小。图 6.12 和图 6.13 分别为径长比 α＝0.98 的凸轮泵，考虑不同进出口压差和不同转速条件，凸轮泵转子所受平均径向激励力和最大径向激励力的分布规律。凸轮泵转子的最大径向激励力和出口压力、转速之间均呈非线性递增关系，凸轮泵转子的平均径向激励力和出口压力呈线性递增关系，凸轮泵转子的平均径向激励力和转速无关。同时，随着凸轮泵进出口压差和转速的增加，凸轮泵转子的径向激励力脉动呈现逐渐增大的趋势。

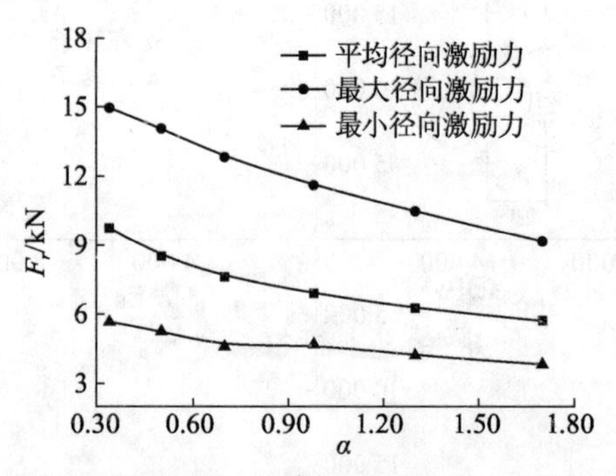

图 6.11　径长比与转子径向激励力的关系

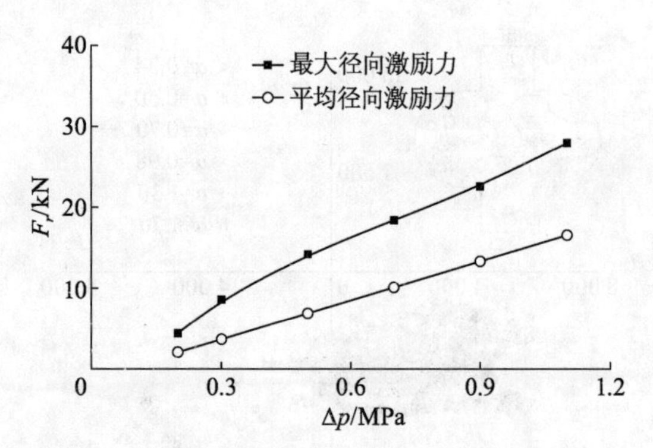

图 6.12　进出口压差和转子径向激励力的关系

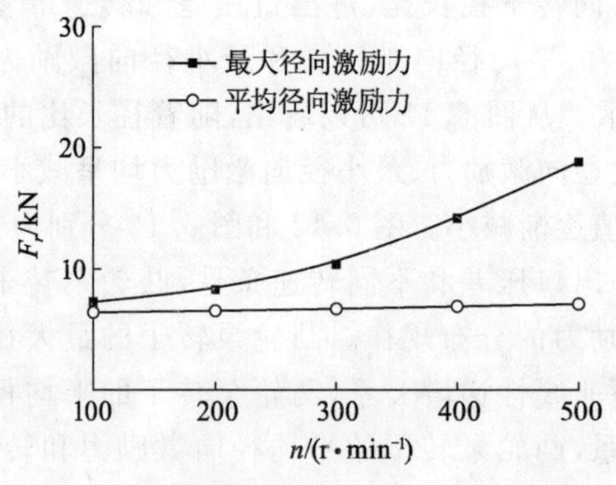

图 6.13　转速和转子径向激励力的关系

6.3.3 径长比对凸轮泵转子腔内部流动的影响

图 6.14a 为不同径长比(α=0.34～1.70)凸轮泵转子腔内的速度矢量分布。图中 A 表示凸轮泵出口处回流区,B 为两转子间隙区,C 和 F 为转子与转子腔之间间隙区,G 为转子腔内速度突变区,D,E,H 分别表示转子腔内漩涡区位置。图 6.14b 和图 6.14c 分别表示不同径长比的凸轮泵转子腔在 A,D 位置处的速度矢量局部放大图。

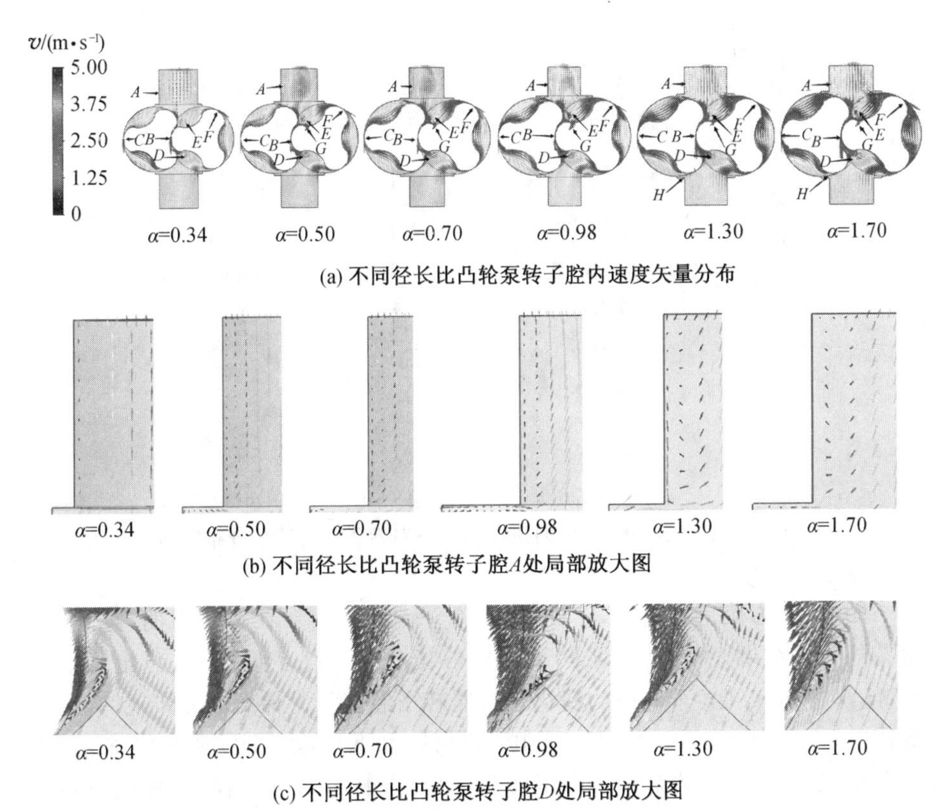

(a) 不同径长比凸轮泵转子腔内速度矢量分布

(b) 不同径长比凸轮泵转子腔A处局部放大图

(c) 不同径长比凸轮泵转子腔D处局部放大图

图 6.14 不同径长比凸轮泵转子腔速度矢量分布

如图 6.14a 所示,凸轮泵在运行过程中,泵出口近壁面出现回流现象,两转子及转子与泵壳之间、转子附近区域均出现速度突变,转子腔内存在明显的漩涡区,且随着转子径长比的增加,凸轮转子腔内的速度矢量值逐渐增大,转子腔内漩涡区的强度和范围逐渐扩大。图 6.14b 和图 6.14c 表明,随着转子径长比的逐渐增加,凸轮泵出口处的回流现象逐渐减小,转子腔内漩涡强度先减小后增大，且在径长比 $\alpha=0.98$ 时，转子腔内漩涡强度最小，速度分布较为均匀，内泄漏达到最小值，转子腔内部流动较为平稳。

图 6.15 为转速 $n=400$ r/min、径长比 $\alpha=0.98$ 条件下，不同进出口压差下凸轮泵转子腔内速度云图。图中黑色框体表示凸轮泵转子腔内局部漩涡区。随着泵进出口压差的增加，转子腔内速度值逐渐减小，但变化幅度不明显；而泵出口端速度值减小较为明显，转子啮合处的漩涡区逐渐增大，转子腔内泄漏量呈现逐渐增大的趋势。

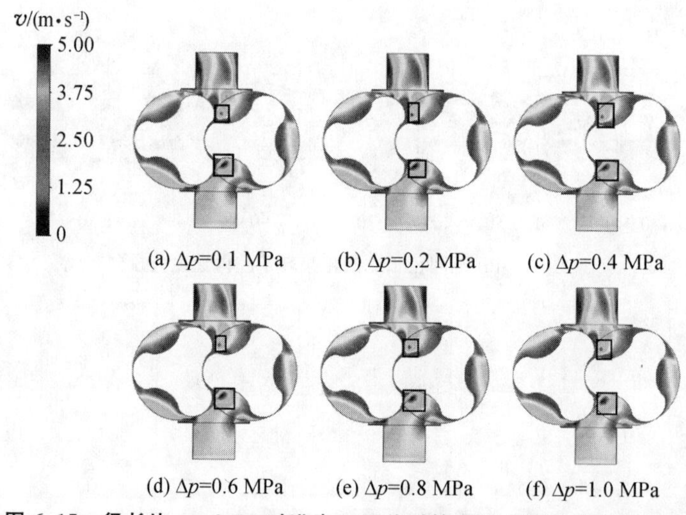

图 6.15　径长比 $\alpha=0.98$ 时进出口压差对转子腔内速度分布的影响

图 6.16 为额定工况下，径长比 $\alpha=0.98$ 时，凸轮泵在一个周期内的静压分布规律。结果表明，凸轮泵转子腔内静压分布变化呈周期性，凸轮转子旋转 360°，静压存在 3 个周期的变化。按照转子腔内压力梯度的分布规律，可分为高压区（图中 A 处）、过渡区（图中 C，D 处）和低压区（图中 B 处）3 个部分。一般情况下，过渡区内静压分布不明显，只有在特定时刻，当叶型顶端与转子腔壁间隙逐渐增大到一定程度，此时两个叶型之间的液体与出口高压端相连通，该区域的压力开始显著升高，如图中 E，F 位置，最终将该过渡区的液体输送到转子腔的出口端高压区。

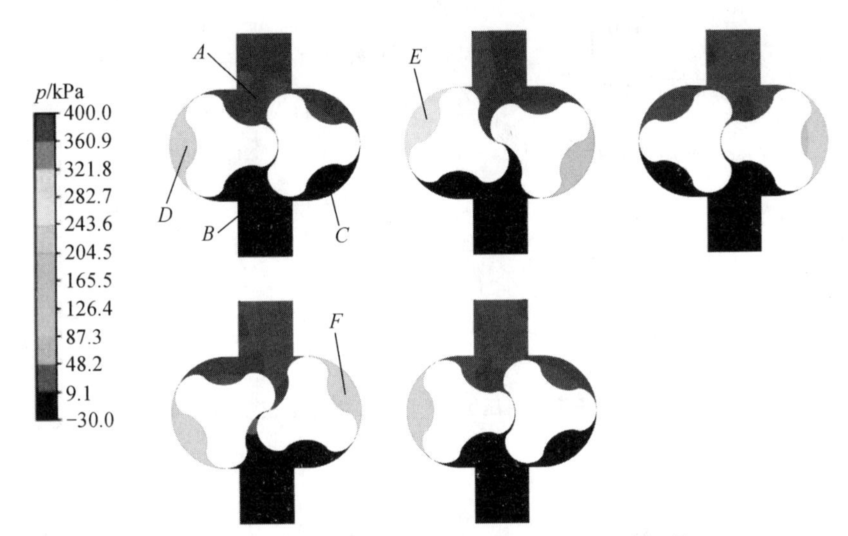

图 6.16 一个周期内凸轮泵转子腔内静压分布规律

图 6.17 所示为凸轮泵转子腔内高压区、过渡区和低压区面积的周期性变化规律，转子腔内过渡区面积保持恒定，而高压区和低压区的面积呈周期性变化关系，且转子旋转一圈时面积变化呈 6 个峰值点分布规律，即高、低压区的面积变化周期为 60°。图 6.18 为凸轮泵转子腔内高低压区面积比 b 与泵出口流量脉动的关系，由图可知，凸轮转子旋转 360°时高低压面积比 b 和出口流量脉动的波动规律基本相同，且在 0.025，0.05，0.075，0.1，0.125，0.150 s 时刻均达到峰值。在一个周期内，高低压区域的面积比是单峰，而出口流量脉动呈“M”形双峰值。上述高低压面积比 b 和出口流量脉动规律的差异，是由于所使用的转子型线及直叶转子等原因造成的，可通过型线优化或使用螺旋凸轮转子来改善凸轮泵高低压面积比 b 和出口流量脉动的分布规律。综上所述，在凸轮泵运行过程中，转子腔内部压力变化与转子所受径向激励力和泵出口流量脉动均存在一定关系。

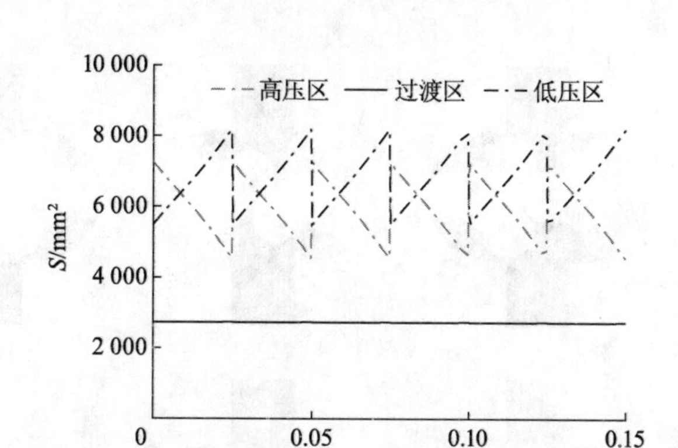

图 6.17　转子腔内高压区、过渡区和低压区面积的周期性

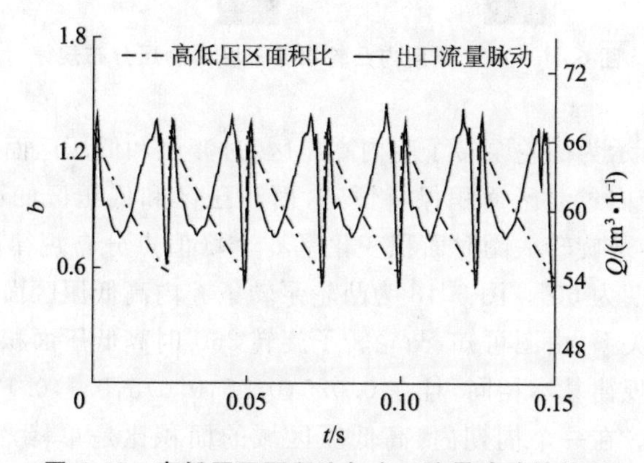

图 6.18　高低压区面积比与出口流量脉动的关系

6.4　小结

① 径长比 α 对凸轮泵出口流量特性有显著影响，随着径长比 α 的增大，凸轮泵出口平均流量值先增至峰值点，随后呈下降趋势；随着径长比增大，泵出口瞬时流量脉动幅值呈下降趋势，当径长比 α 取 0.70～1.30 时，对出口流量脉动特性的影响不敏感，表明凸轮泵转子最优径长比 α 的取值范围为 0.70～1.30。

② 通过径长比 α 和凸轮泵外特性曲线的研究表明，转子所受径向激励力呈周期性变化，左、右转子所受的径向激励力大小相等，径向激励力矢量方向沿 y 轴对称分布，且随着径长比 α 的逐渐增大，转子所受径向激励力逐渐

减小。

③ 转子腔内高低压面积比与出口流量脉动的周期相同，均在同一时刻达峰值；凸轮泵出口流量脉动理论上应为单波峰，本研究中实际呈“M”形双峰值特征，这是由于所采用的转子型线及直叶凸轮转子等原因造成的，可进行型线优化或使用螺旋凸轮转子改善出口流量脉动的“M”形双峰值特性。

7

凸轮泵转子腔内空化流动数值分析与实验研究

空化是液体特有的流动现象,当液体的局部压力低于相应温度下液体的饱和蒸气压力时,液体在压力作用下汽化并产生空泡,然后跟随主流在流经高压区时空泡发生溃灭,从而对泵过流表面造成空蚀破坏。空化发生和发展的过程伴随着振动和噪声等现象,使泵的性能下降,严重时导致泵无法正常工作。空化按照演化过程的形态和对泵性能的影响程度,可分为初生空化、发展空化、严重空化和断裂空化 4 个阶段。针对凸轮泵的不同启动方式,通过 CFD 动网格技术和外特性实验方法,研究凸轮泵转子腔内部空化流动特性,揭示凸轮泵转子腔内空化演化过程,为凸轮泵启动方式的选择提供理论依据。

7.1 凸轮泵转子腔内部空化流动数值计算

7.1.1 不同线性启动方式的定义

线性启动方式的表达式定义如下:

$$N_L=\begin{cases}\dfrac{N\times t}{T_P}, t\leqslant T_P \\ N, \quad t>T_P\end{cases} \tag{7.1}$$

式中:t 为启动时间;N_L 为线性启动过程中不同启动时刻 t 对应的瞬时转速;N 为启动完成时的额定转速;T_P 为转子转速从 0 增加到额定转速所需的时间。

图 7.1 所示为凸轮泵在不同启动方式下转速随时间的变化曲线。

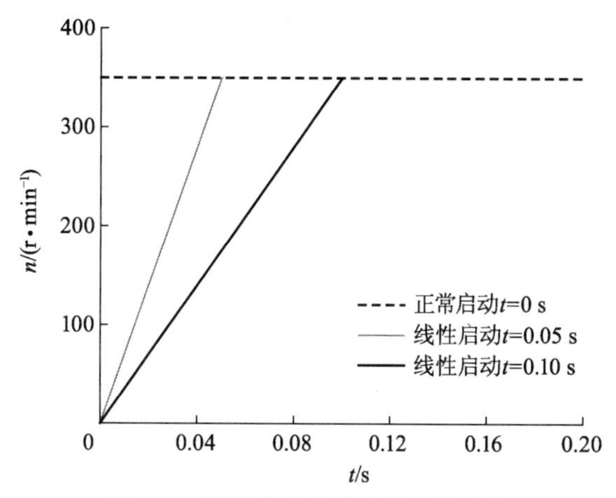

图 7.1　不同启动方式下转速的变化

7.1.2　空化流动数值计算方法

本章研究对象为内外摆线型凸轮泵，其模型与第 3 章一致。数值计算采用 Fluent 非定常流动数值计算方法，采用 RNG $k-\varepsilon$ 湍流模型与隐式求解器，采用 PISO 的压力速度耦合模式。其中气液两相流采用包含气穴模型的 Mixture 模型。空化模型采用 Zwart－Gerber－Belamri 模型，计算边界条件给定如下：进、出口均采用压力边界条件，进口处液相和气相体积分数分别为 1 和 0。空化模拟计算以设计工况下无空化计算结果作为计算的初始条件，通过依次改变进口压力使凸轮泵发生空化，输送介质设置为常温清水。同时对凸轮泵进、出口流量脉动和压力脉动进行监测，计算收敛条件为进出口流量脉动呈等幅值的周期性波动。

NPSHA 的计算公式表示为

$$NPSHA=H_1+\frac{p_a}{\rho g}-\frac{p_v}{\rho g} \tag{7.2}$$

式中：H_1 为进口总水头，m；p_a 为大气压力值，kPa；p_v 为介质在一定温度下的饱和蒸汽压力值，kPa。

7.1.3　数值预测与实验结果比较

(1) 凸轮泵空化实验台

以常温清水为介质，对凸轮泵进行空化性能实验，实验时保持出口压力不变，通过调节进口阀门来控制进口压力，从而达到改变 *NPSHA* 的值，最终得到实验数据。表7.1为凸轮泵进出口压差的实验数据。本研究中实验及数值计算均采用相对压力值。

表7.1 实验条件下凸轮泵进出口压差值

p_{in}/kPa	p_{out}/MPa	$p_{out}-p_{in}$/MPa
1.6	0.106	0.104
2.7	0.199	0.196
3.5	0.308	0.305
4.0	0.416	0.412
4.6	0.501	0.495
4.6	0.598	0.593
5.6	0.701	0.695
5.5	0.797	0.792

实验台主要测试仪器包括压力变送器、JN338扭矩仪、RDC2512B型低电阻测量仪、温度测量仪(含传感器)、BK-1型轴向力传感器、JW-3扭矩仪、电磁流量计、电动平衡阀等。凸轮泵闭式实验台如图7.2所示。

图7.2 凸轮泵闭式实验台

空化实验测试中,保持凸轮泵出口压力值不变,通过调节进口管路阀门使泵进口压力减小来减小凸轮泵的空化余量,从而使凸轮泵内部发生空化。在数值计算中,给定凸轮泵出口压力值 $p_{out}=0.4$ MPa不变,通过给定相应的凸轮泵进口压力的方法来减小凸轮泵的空化余量。采用RNG $k-\varepsilon$ 湍流模型分别对上述不同工况条件下凸轮泵转子腔内部非定常单相流动进行数值计算。在对空化数值计算中分别计算了进口压力 $p_{in}=-60,-80,-90,-100$ kPa 的不同工况下凸轮泵内部空化流动，且空化流动及单相流动都与其实验值做了对比。

(2) 数值计算与实验数值的对比

图 7.3 为数值计算与实验得到的无空化工况下凸轮泵效率-压差曲线。从图中可以看出，不同压差条件下数值预测效率值均高于实验结果，误差均在 3%以内，数值预测仅计及转子腔内流动损失，忽略了轴承、齿轮、机械密封等引起的机械损失。本章数值计算所选模型为凸轮泵二维计算域，默认轴向厚度为 1 m，而实体模型轴向厚度为 100 mm，所以数值计算的流量要换算为相应厚度的流量值。图 7.4 为无空化工况下凸轮泵数值计算和实验得到的流量-压差曲线。从图 7.4 中可以看出，数值计算得到的流量值与实验值吻合度较好。因此，基于 RNG $k-\varepsilon$ 湍流模型的凸轮泵性能预测结果较好，可作为凸轮泵转子腔内空化流动数值计算的初始流场。

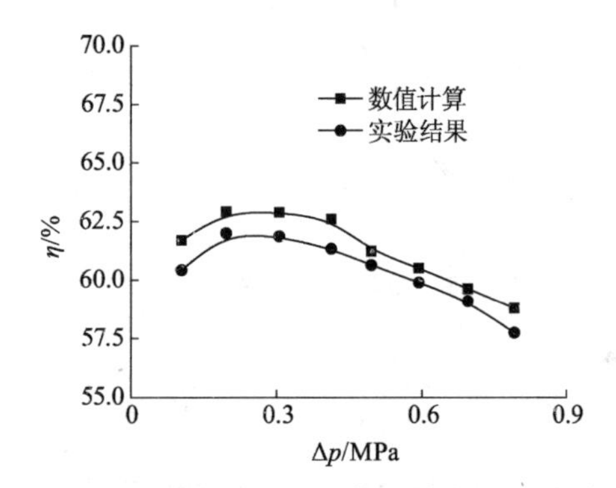

图 7.3　无空化工况下凸轮泵效率-压差曲线

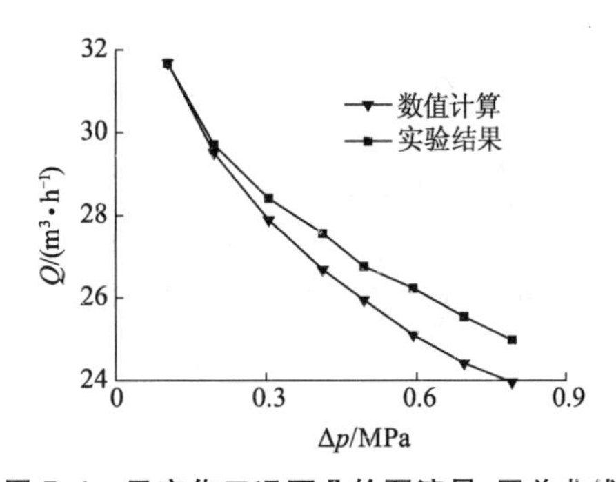

图 7.4　无空化工况下凸轮泵流量-压差曲线

图 7.5 为凸轮泵在不同进出口压差工况下的数值计算与实验流量特性曲线。当泵进口汽蚀余量为 4.5 m 时，流量没有明显的下降趋势，在此工况点凸轮泵内没有发生明显的空化现象。当凸轮泵进口汽蚀余量减小到 3.85 m 时，流量出现明显下降趋势，流量下降约 17%，此时凸轮泵内空化现象比较显著，一般认为此工况点即为临界空化点；当汽蚀余量继续下降，流量继续下降直至泵无法吸入液体，此时泵内空化已十分严重。图 7.6 所示为不同压差工况下泵最大流量处泵进口速度变化曲线，从图中可以看出，凸轮泵随着进出口压差的增大，泵进口速度从 1.1 m/s 逐渐减小，直到严重空化时速度为负值，此时泵已经无法正常吸入液体。

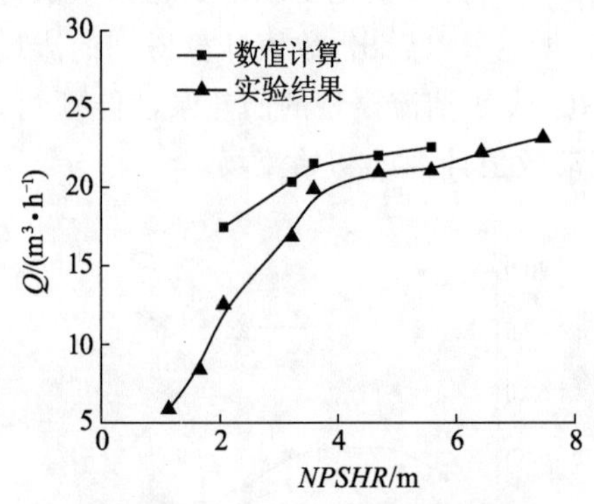

图 7.5 凸轮泵空化性能曲线图

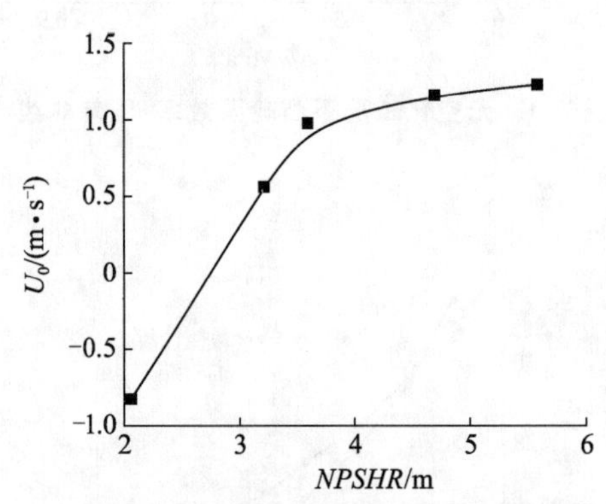

图 7.6 不同压差工况下泵进口速度变化

7.2 凸轮泵转子腔内空化流动规律

7.2.1 不同工况下凸轮泵转子腔内空化流动规律

(1) 不同工况下凸轮泵转子腔内速度矢量

如图 7.7 所示,通过调节进口管路阀门使得凸轮泵进口压力降低,高压区流体通过转子腔内间隙不断向低压区泄漏,当凸轮泵进口压力下降到临界空化压力时,转子腔内间隙的泄漏速度为 17.5 m/s;当压力下降到严重空化时,转子腔内间隙的最大泄漏速度为 25.5 m/s。随着泄漏速度的增大,凸轮泵转子腔的低压区内部产生大量漩涡,在严重空化时,该漩涡区的尺度和强度逐渐增加。阻止流体进入转子腔低压区,形成凸轮泵进口低压区堵塞,凸轮泵的出口流量急剧下降。

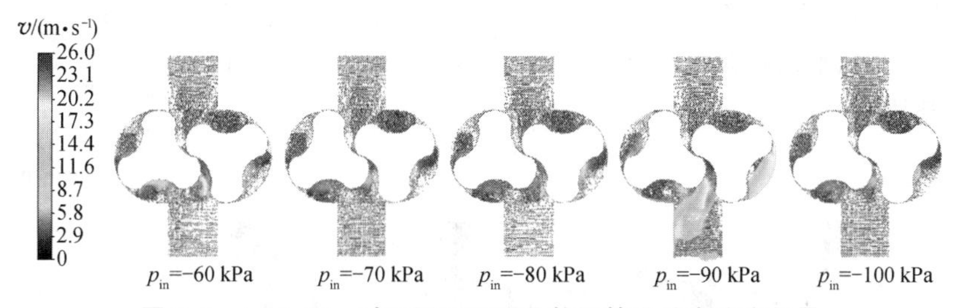

图 7.7 t=0.08 s 时不同工况下凸轮泵转子腔内速度矢量

(2) 正常启动下的空化发展与演化

当数值计算到进出口流量平稳波动时,凸轮泵已经平稳运行。为了分析凸轮泵内的空化演变过程,分别取进口压力 $p_{in}=-60,-70,-80,-90,-100$ kPa 的不同工况下凸轮泵在同一时刻 $t=0.08$ s (此时出口流量达到最大值)时内部压力及气泡的分布情况。如图 7.8 所示,随着凸轮泵进口压力逐渐减小,低压区首先出现在转子啮合处及转子和转子腔间隙处,过渡区压力呈现逐渐减小的趋势;随着进口压力的继续减小,低压区开始从泵入口向出口扩展,即从凸轮泵的吸入腔扩展到过渡腔。

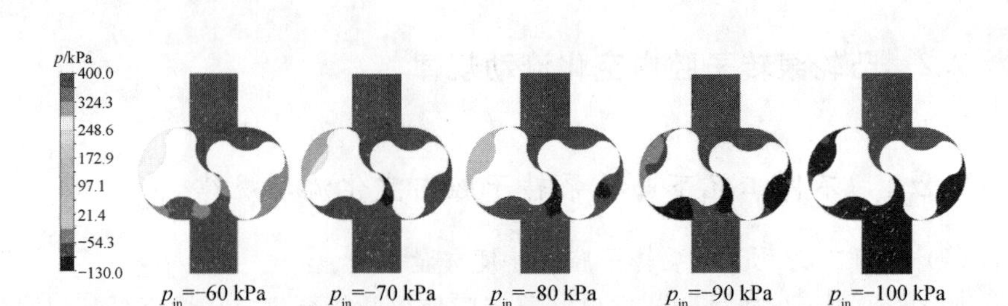

图 7.8 不同工况下凸轮泵转子腔内压力变化规律

如图 7.9 所示,可将凸轮泵空化过程分为:① 空泡首先出现在吸入腔转子啮合及转子与转子腔的间隙处,因为在转子齿根附近及间隙处容易形成低于进口处静压值的局部低压区;② 随着进口压力继续减小,空化区域随着转子外缘向外扩张,且靠近转子啮合前端也出现了一定的空泡区,此时泵的出口流量出现明显的下降;③ 继续减小泵进口压力,空泡区已经向过渡区扩散,形成附着空泡,整个空泡区约占吸入腔的 1/5;④ 当泵进口压力 $p_{in}=-100$ kPa 时,空泡区几乎已占据了整个吸入腔,空泡尾迹已完全阻塞凸轮泵的吸入段,造成断流,此时已经发展为严重空化。

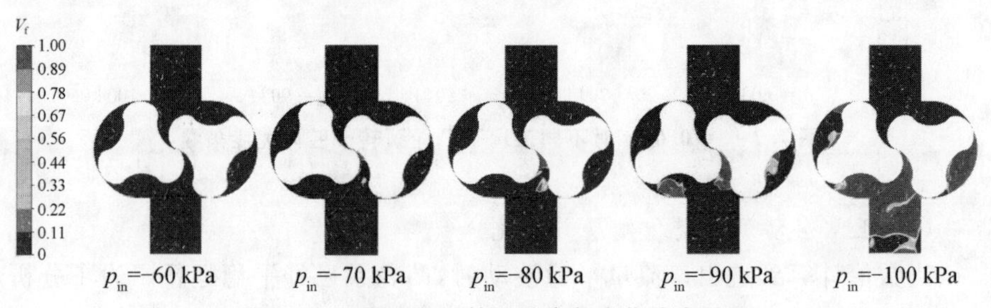

图 7.9 不同工况下转子腔内部空化演变过程

图 7.10 所示为凸轮泵进口段及凸轮泵转子腔内气相体积分数的总和,图中 V_f 表示气相体积分数。可以看出,临界空化时气体体积分数仅为 0.022 3,当汽蚀余量降低到发展空化时气体体积分数达到 0.105 0,汽蚀余量继续下降到严重空化时,凸轮泵进口段及凸轮泵转子腔内气体体积分数达到 0.565 8,从而数值验证了气相体积分数的分布规律。

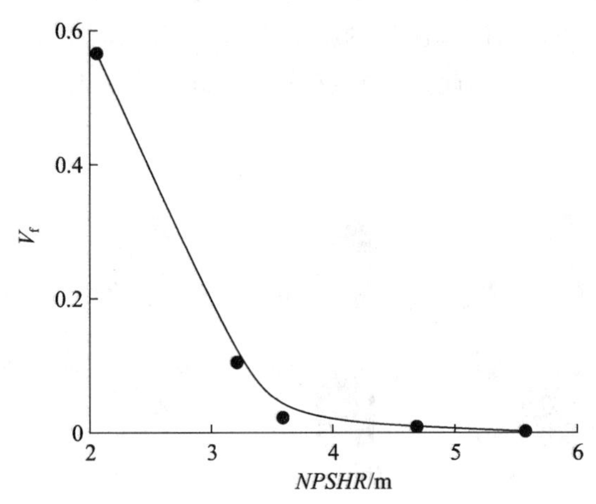

图 7.10　气体体积分数和必需汽蚀余量的关系

为了定量分析凸轮泵转子腔内空化流动过程，以进口压力 $p_{in}=-80$ kPa 为例，分析了凸轮泵旋转 30°，60°，90°和 120°时气体体积分数在凸轮泵中的分布。如图 7.11 所示，随着转子的旋转，气泡出现在吸腔转子啮合和转子与泵腔之间的间隙中。当凸轮泵旋转 90°时，如图 7.11d 所示，凸轮泵出口端流量达到最大值，气泡主要集中在吸入腔转子啮合中。因为在凸轮泵转动过程中低压区总是出现在转子啮合及转子与泵腔的间隙处，如图 7.11c 所示。

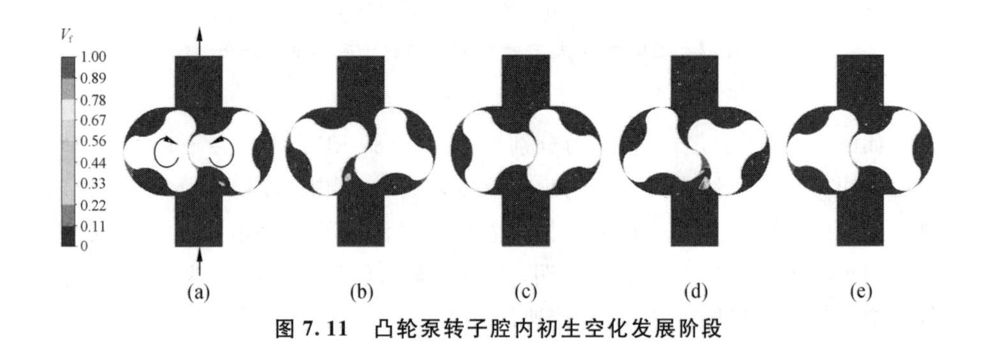

图 7.11　凸轮泵转子腔内初生空化发展阶段

7.2.2　启动特性对凸轮泵转子腔空化流动的影响

图 7.12 所示为不同线性启动方式下凸轮泵转子腔内部气泡的分布规律。由图可以看出，随着转速的增加，在 2 个转子之间及转子与泵腔的啮合间隙处更容易形成局部低压区，同时，低压区的范围呈现逐渐扩散的趋势，随着低压

区的扩散，间隙处的气泡体积分数也逐渐增加。当进口压力 $p_{in}=-80$ kPa 且在启动时间为 0.05 s 时，低压区的扩散更为明显。从图 7.12b 中可以看出，当启动时间为 0.10 s 时，此过程能有效地抑制凸轮泵入口段低压区的扩散，使气泡体积明显减小。

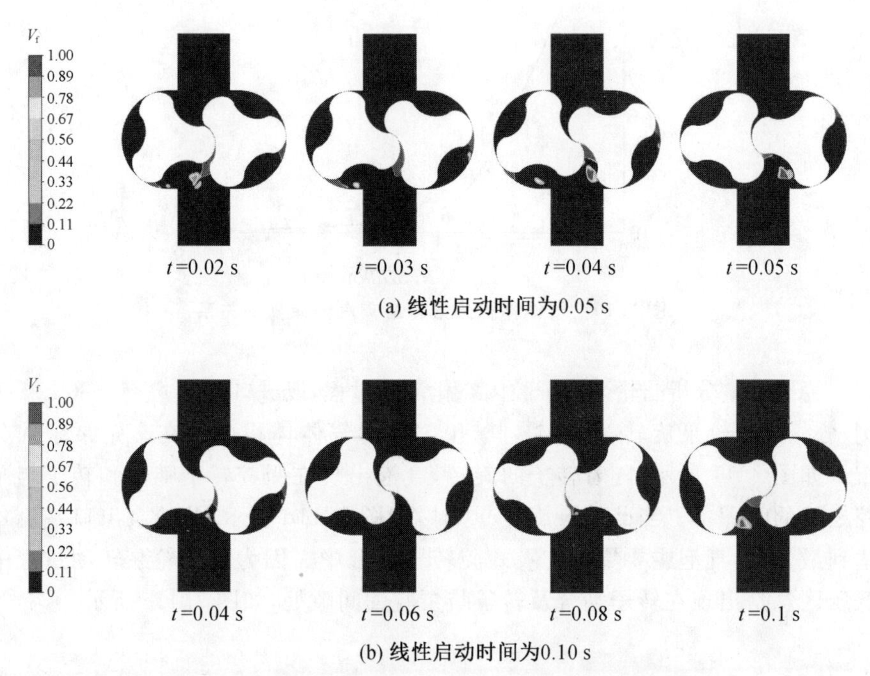

(a) 线性启动时间为0.05 s

(b) 线性启动时间为0.10 s

图 7.12　进口压力 $p_{in}=-80$ kPa 时转子腔内空泡分布

如图 7.13 所示，当进口压力分别为 $p_{in}=-80$ kPa 和 $p_{in}=-90$ kPa 时，气相体积分数随线性启动时间的延长而显著减少。如图 7.14 所示，当凸轮泵进口压力降低到 $p_{in}=-90$ kPa 时，随着低压区范围的进一步扩大，气泡的分布范围也将进一步扩大。结果表明，当凸轮泵的线性启动时间为 0.05 s 时，气泡增多且向入口段扩散，随着转速的逐渐增大，气泡体积分数也随之增大，如图 7.14a 所示。当线性启动时间为 0.10 s 时，气泡体积分数的增长速度明显减慢，随着转速的增加，入口段无气泡堵塞，如图 7.14b 所示。随着转速的增大，在凸轮泵的吸入端容易形成局部低压区，从而使低压区产生气泡，同时吸入流体的流动状态更容易受到干扰。但随着线性启动时间的延长，转速的增加速率减小，从而有效地削弱了吸入端局部低压的形成，一定程度上抑制了气泡的形成速度和扩散范围。

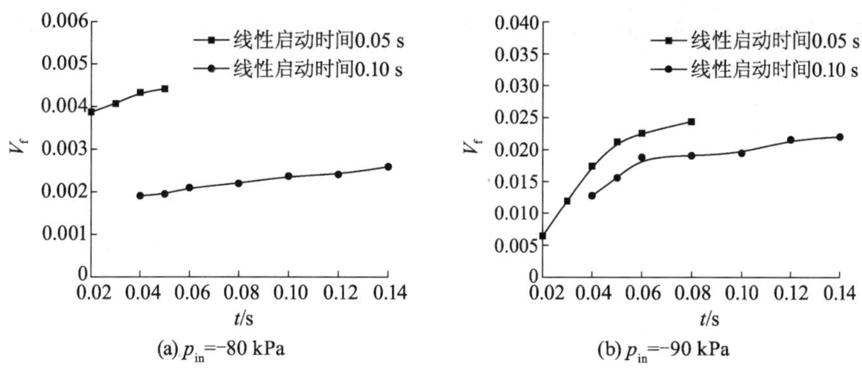

(a) p_{in}=-80 kPa　　(b) p_{in}=-90 kPa

图 7.13　不同启动方式对气相体积分数的影响

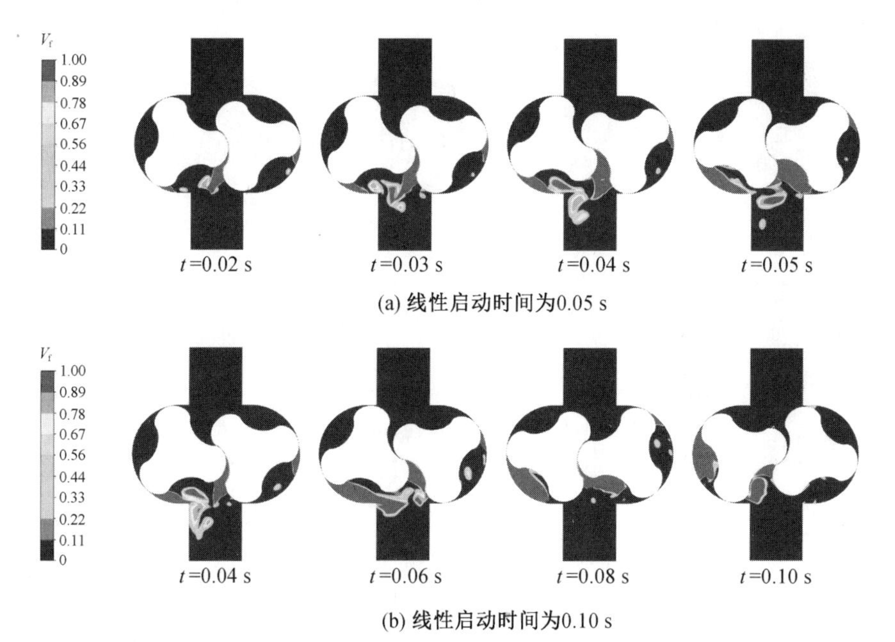

(a) 线性启动时间为0.05 s

(b) 线性启动时间为0.10 s

图 7.14　$p_{in}=-90$ kPa 时启动方式对泵内空泡分布的影响

7.3　小结

① 无空化条件下，采用 CFD 计算与实验所得的凸轮泵出口流量相比误差较小。当凸轮泵转子腔内部发生空化时，采用 CFD 计算方法预测凸轮泵的

流量衰减特性。数值计算及实验表明，内外摆线和高阶过渡曲线的凸轮泵临界空化余量为 3.59 m，临界空化点对应的出口流量值为 20.85 m^3/h，此时流量减少约 17%。

② 凸轮泵空化最初发生在转子啮合及转子与泵腔间隙处，随着空化余量的降低，空泡区域随着转子外缘向外扩张，空泡区向过渡区逐渐扩散，形成附着空泡；发展空化时，空泡区约占整个进口低压腔的 1/5；严重空化时，空泡区占据整个低压腔，空泡尾迹已完全阻塞凸轮泵的进口段，致使凸轮泵的出口流量急剧下降。

③ 凸轮泵发生空化时，进口压力继续减小，高压区流体通过间隙向低压区泄漏，当进口压力减小临界空化(空化余量为 3.59 m)时，转子啮合的间隙泄漏速度为 17.5 m/s；当压力继续减小到严重空化时，转子啮合间隙处的最大泄漏速度为 25.5 m/s，导致吸入腔产生大量漩涡，从而阻止流体进入吸入腔。

8 凸轮泵渐变转子腔内部激励力控制机理

凸轮泵在工作过程中易产生流量和压力脉动，伴随产生流动噪声。当脉动频率与整个系统的固有频率相近或相同时会造成整个系统的共振。凸轮泵出口转子所受轴向和径向激励力随着转子腔内部的压力脉动周期性变化，从而对传动轴施加交变载荷，严重时使转子产生疲劳破坏和断裂。因此，凸轮泵出口流量脉动和压力脉动已成为提高凸轮泵动态性能的关键问题。本章提出一种新型渐变间隙的转子腔结构，应用动网格技术对渐变间隙凸轮泵转子腔内部瞬态流动进行数值分析，研究渐变间隙和固定间隙凸轮泵转子腔内径向激励力的分布规律；基于宽频噪声模型，揭示渐变间隙对凸轮泵内部流体噪声的抑制机理，为静音低噪凸轮泵设计和优化提供理论依据。

8.1 凸轮泵转子腔内数值计算

8.1.1 转子激励力数值计算

(1) 凸轮泵渐变间隙计算模型

本章采用的凸轮泵转子型线是内外摆线，图 8.1 所示为凸轮泵渐变间隙结构示意图，转子与转子高压腔设计为渐变间隙，$r(\delta)$为渐变段 δ 的函数，图中 R_1，R_2，R_3 设定为线性增大的转子腔内径值，渐变段开启角度 $\delta_k=60°$。渐变间隙的数学关系式详见第 2 章式(2-26)，即

$$\begin{cases} x=R\cdot\cos(30°+t\cdot\delta) \\ y=R\cdot\sin(30°+t\cdot\delta) \end{cases}$$

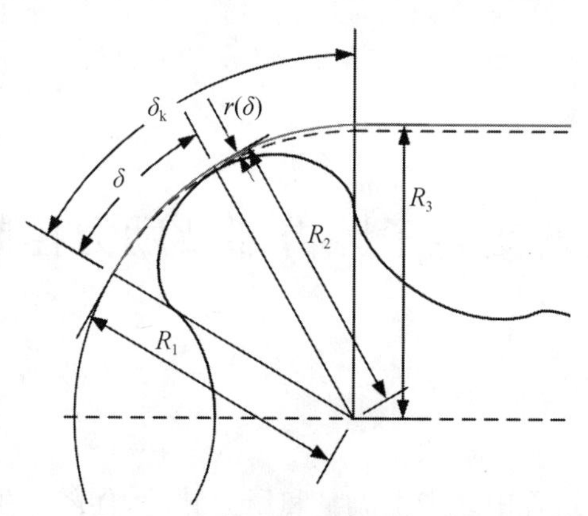

图 8.1　凸轮泵渐变间隙结构示意

(2) 凸轮泵转子激励力的数值计算

计算采用非定常计算，采用 RNG $k-\varepsilon$ 湍流模型与隐式求解器，采用 PISO 的压力速度耦合模式，同时加入宽频模型(Broadband Noise Sources)，数值计算不同渐变间隙 r 对凸轮泵转子腔内部流动噪声的影响。

宽频噪声模型中，湍流参数通过 RANS 方程求得，采用 Proudman 方程模型和边界层噪声模型等半经验修正模型，计算表面单元的噪声功率，Proudman 方程模型如下：

$$P_A = \alpha\rho \frac{u'^3 u'^5}{L a_0^5} = \alpha_\varepsilon \rho\varepsilon M_t^{\ 5} \tag{8.1}$$

式中：u'为湍流速度；L 为湍流特征尺度；a_0 为声速度；α 为模型常数；$M_t = \sqrt{2k}/a_0$；$\alpha_\varepsilon = 0.1$。

在 Fluent 中采用体积后处理变量 Acoustic Power Level(dB)描述四极子噪声在总噪声能量中的贡献，计算公式如下：

$$L_P = 10\log_{10}\left(\frac{P_A}{P_{\text{ref}}}\right) \tag{8.2}$$

计算边界条件给定如下：凸轮泵转子腔进、出口端均采用压力边界，实验时通过调节进、出口阀门控制凸轮泵的进、出口压力差，得到不同工况下凸轮泵转子腔出口流量值。数值计算分别给定进、出口压力值，同时对凸轮泵出口流量脉动、进出口压力脉动、径向激励力及流动噪声进行监测。计算收敛条件为：出口体积流量呈现等幅值的周期性波动。

8.1.2　渐变间隙结构对泵出口流量特性的影响

共轭转子旋转产生周期性流量脉动，导致机组产生振动和噪声，因此凸轮泵瞬时流量脉动直接影响凸轮泵机组运行的稳定性。图 8.2 所示为凸轮泵出口理论流量脉动曲线，凸轮泵出口流量脉动幅值产生 2 次波峰分别在 30°和 90°；同时，流量加速度 dQ/dt 脉动曲线表明，凸轮泵转子腔内部流体周期性地实现非线性加速和非线性减速运动，即凸轮泵转子腔内部流体运动遵循周期性的速度脉动规律，凸轮泵转子啮合位置和转子腔内流量脉动曲线、转子腔内流量加速度脉动曲线存在定量关系。

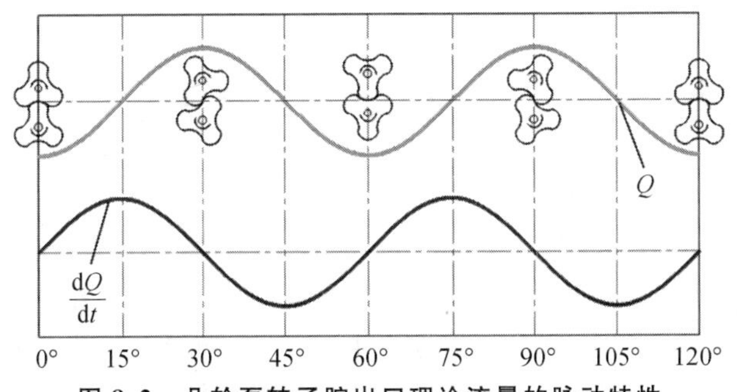

图 8.2　凸轮泵转子腔出口理论流量的脉动特性

如图 8.3 所示，凸轮泵转子的工作原理决定了其进出口端产生周期性的流量脉动和压力脉动，其峰值特征由转子型线方程和转子腔主要几何参数共同决定。在凸轮泵中，驱动力矩与排量成正比，在任何角位置下，轴承、齿轮和密封等机械摩擦力损失功率可忽略不计。研究表明，凸轮泵转子啮合过程中产生的扭矩和转子啮合位置关系及转子腔高压区、过渡区和低压区的流量脉动存在一定关系。当已知作用线时，可根据图 8.3 计算特定角度位置的转子扭矩分布。

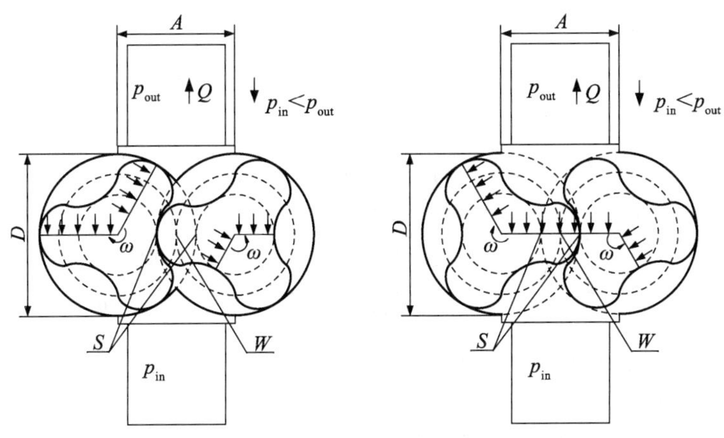

图 8.3　凸轮泵转子体上的作用力分布规律

根据凸轮泵转子腔内转子啮合的位置关系，可以绘制流体作用在啮合转子上的压力分布图。理论上可以计算出作用在单个转子上的水压力，根据力的平衡原理，可以得到单个转子的扭矩，两转子的扭矩之和即为作用在凸轮泵转子上的总扭矩。同时，出口流量、最大扭矩、最小扭矩均可用此方法确定。当作用线的点在 S 处接触时，如图 8.2 和图 8.3 所示，凸轮泵的出口流量和传递扭矩均达到最小值，即转子叶型的齿顶与另一个转子叶型的齿根接触。当两转子叶型在接触点 W 时，凸轮泵出口流量和传递扭矩均达到最大值。

图 8.4 所示为某一个周期内，渐变间隙对凸轮泵出口流量脉动的影响规律。结果表明，数值预测得到的出口流量脉动曲线和理论流量脉动曲线存在差异。当 $r=0$ 时，凸轮泵出口流量脉动在峰值存在一个次级流量脉动；当 $r_{max}=0.05$ mm 时，凸轮泵出口次级流量脉动显著衰减；当 $r_{max}=0.10$ mm 时，渐变间隙有效抑制了凸轮泵出口流量脉动在峰值产生的次级流量脉动。随着 r 值增大，出口流量脉动在极值点产生尖点，伴随着出口流量脉动的幅值逐渐增大。当 $r_{max}=0.10\sim0.15$ mm 时，凸轮泵出口流量脉动较为平滑，数值计算预测得到的凸轮泵出口流量脉动曲线和理论流量脉动曲线具有很高的吻合度。

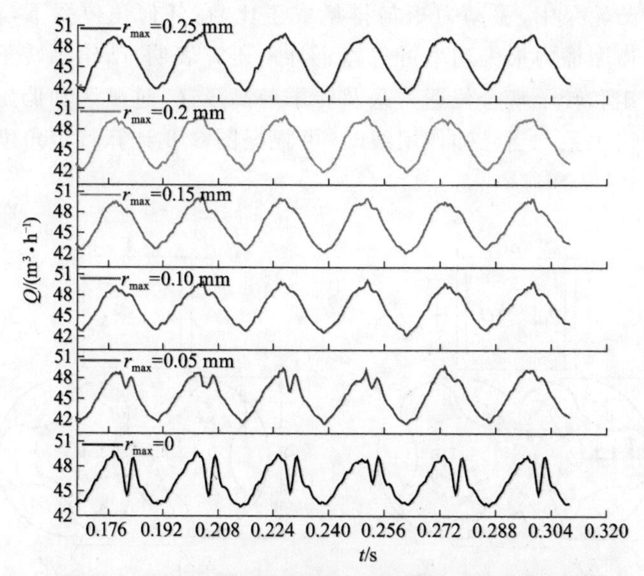

图 8.4　渐变间隙对凸轮泵出口流量脉动的影响规律

图 8.5 所示为凸轮泵转子腔的出口速度矢量图。图中出口段两侧 A 和

B 处分别出现 2 个反向旋转涡团，涡团堵塞了泵出口段流体，引起出口段局部损失增大。由于两个转子的同步啮合作用，使得流体在出口中间处出现速度聚集区，随着流体向出口流动，容易形成射流区，从而出现速度梯度，使得在 A 和 B 区域很容易形成局部低压区，从而产生两个反向旋转涡。泵出口段 A 和 B 处产生的涡团是泵出口流量脉动峰值处产生的次级流量脉动的主要原因，随着渐变间隙 r_{max} 值逐渐增大，当渐变间隙 $r_{max} \geqslant 0.10$ mm 时，出口段 A 和 B 处产生的反向旋转涡团强度降低，凸轮泵出口段次级流量脉动得到有效控制。

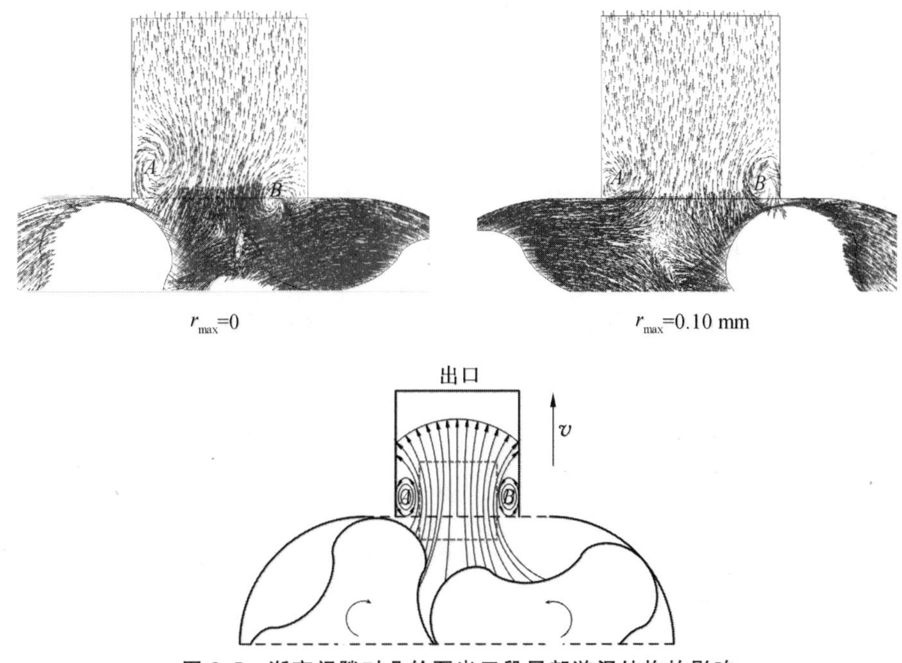

图 8.5　渐变间隙对凸轮泵出口段局部旋涡结构的影响

8.1.3　渐变间隙对转子腔内部静压分布的影响

图 8.6a 所示为渐变间隙 $r_{max}=0.10$ mm 对应的凸轮泵转子腔过渡区静压分布的变化规律，其中过渡区内静压值呈逐渐增大的趋势，A,B,C,D 为转子不同啮合位置对应的过渡区。研究表明：当渐变间隙开启瞬时，过渡腔内静压与进口端静压相差不大。随着渐变间隙的逐渐开启，当转子旋转角为 0°时，高压区已有部分流体通过渐变间隙泄漏到过渡区，但是受限于高压区流体回流泄漏的影响，过渡区中流体的压升有限。当转子旋转角为 30°时，过渡区内静压逐渐增大，并且已基本接近高压区内流体的静压值，此时高压区流

体沿着转子间隙向过渡区回流泄漏，使高压区和过渡区流体的压力差降低。当转子旋转角为 45°时，随着高压区流体回流泄漏的影响，此时过渡区的静压值已达到甚至超过高压区流体的静压值。因此，随着渐变间隙的开启和高压区流体持续的回流泄漏，左侧过渡区内静压值和高压区内静压值基本接近并达到一个周期内的动稳态平衡。随着凸轮泵两转子的连续反向同步旋转，转子腔内高压区、低压区和过渡区内静压值随着转子啮合位置实现周期性变化。

图 8.6b 所示为等间隙 $r_{\max}=0$ 对应的凸轮泵转子腔过渡区静压分布的变化规律，其中过渡区内静压值呈现不连续的增大趋势。图 8.6a 和图 8.6b 对比发现，转子旋转角从 0°增大至 30°时，等间隙凸轮泵转子腔过渡区内静压值变化不明显；当转子旋转角超过 45°时，由于转子间隙瞬间开启导致高压区向过渡区流体回流泄漏，使过渡区内静压值达到或已超过高压区的静压值。由于转子高压区和过渡区间隙的流体瞬间泄压，转子将受到较大的回流冲击，增大了高压区和过渡区液体对转子的径向激励力的脉动幅值，使凸轮泵转子腔内流量脉动和压力脉动特性恶化，严重时引起凸轮泵机组的振动和噪声。所以，为了抑制等间隙凸轮泵转子腔内流动不稳定特性，应采用渐变间隙凸轮泵转子腔的设计方案，可以显著改善凸轮泵转子腔内部的动态特性。

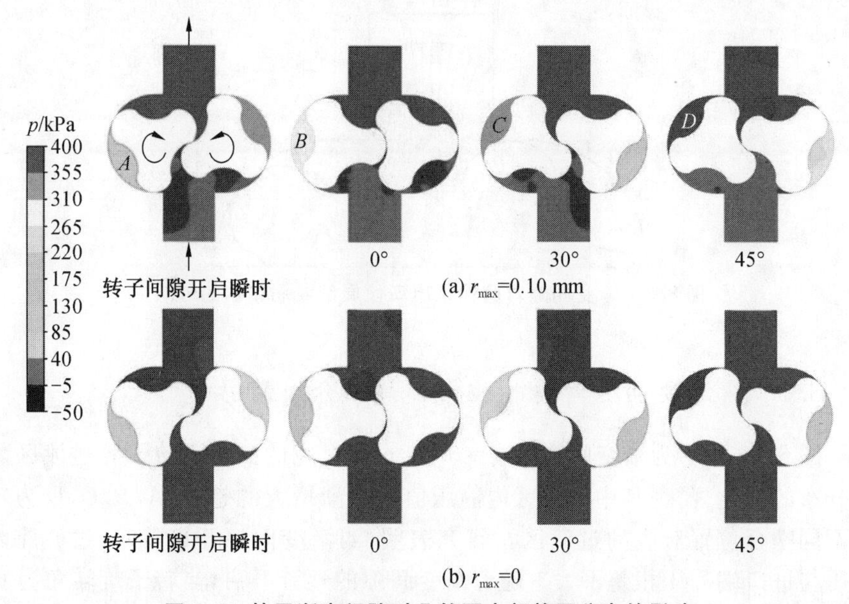

图 8.6 转子渐变间隙对凸轮泵内部静压分布的影响

8.2 凸轮泵转子腔渐变间隙对转子 F_r 的影响

8.2.1 转子腔渐变间隙对 K_y 的影响

随着凸轮泵周期性旋转，泵出口段流量脉动诱发周期性压力脉动，直接作用于共轭转子并呈现周期性的交变载荷，即为转子径向激励力，定义径向激励力脉动系数为

$$K=\frac{F_{max}-F_{min}}{F_{ave}} \tag{8.3}$$

式中：F_{max}为最大径向激励力；F_{min}为最小径向激励力；F_{ave}为平均径向激励力。径向激励力脉动系数 K 值在 xOy 平面的分量分别表示为 K_x 和 K_y。

图 8.7 所示为渐变间隙对 y 方向转子径向激励力脉动幅值的影响规律，当 $r=0$ 时，等间隙转子腔高压侧流体对转子沿 y 方向的径向激励力脉动幅值较大，最大径向激励力达 7.6 kN，如图 8.7a 所示，方向指向 y 轴负方向，此时径向激励力脉动系数达峰值点 $K_{ymax}=0.66$（见图 8.8），对应流量加速度的波峰处（见图 8.2），此时 dQ/dt 达峰值点。当 $r_{max}=0.10$ mm 时，渐变间隙转子腔高压端对 y 方向转子径向激励力，比等间隙转子所受径向激励力脉动幅值显著降低，最大径向激励力为 6.7 kN，比等间隙转子径向激励力减小 12%，径向激励力脉动系数为 0.31。随着 r_{max}的增大，高压端对转子沿 y 方向的径向激励力脉动幅值逐渐减小，在 $r_{max}=0.15$ mm 时达最小值，随后呈逐渐上升趋势。当 $r_{max}=0.15\sim0.20$ mm 时，r 值对 y 方向转子径向激励力脉动系数的影响不显著。

图 8.7b 所示为不同渐变间隙的径向激励力分量 F_y 的脉动频域图。由图可以看出，监测点的径向激励力脉动主频约为 42 Hz，为理论计算值的2 倍。这是由于转子旋转时产生的相位差引起的，而监视点主频率振幅的最大值出现在 $r_{max}=0$，随着 r_{max}值的增大而减小。研究结果表明，渐变间隙能有效抑制径向激励力分量 F_y 的脉动强度。

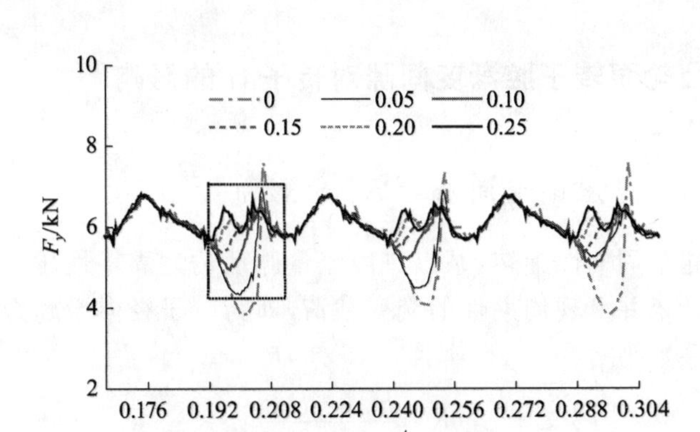

(a) 渐变间隙转子径向激励力分量F_y脉动幅值

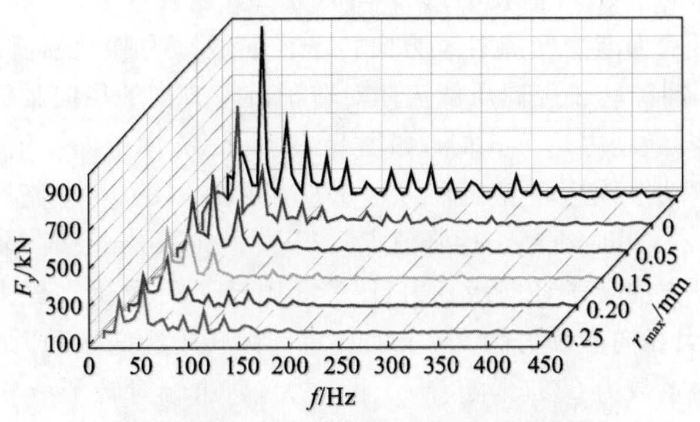

(b) 渐变间隙转子径向激励力分量F_y脉动频域图

图 8.7　转子 y 方向径向激励力的脉动特性

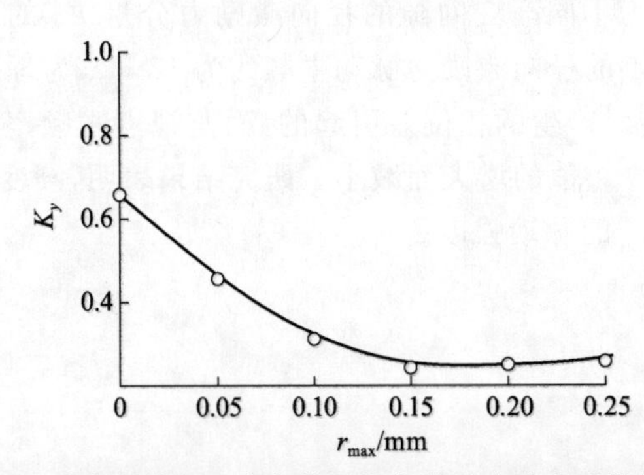

图 8.8　渐变间隙沿 y 方向转子径向激励力脉动系数的影响

8.2.2 高压端对转子 x 方向径向激励力的影响

图 8.9a 所示为渐变间隙凸轮泵转子径向激励力分量 F_x 脉动幅值的影响规律。可以看出，径向激励力作用沿 x 正、负方向的变化规律一致。当转子 $r_{max}=0$时，转子腔高压侧流体对 x 方向转子径向激励力分量 F_x 的影响较显著，最大径向激励力分量 F_x 达 5.4 kN。而 $r_{max}=0.10$ mm 时，渐变间隙转子腔 x 方向径向激励力分量 F_x 为 4.4 kN，比等间隙转子径向激励力分量 F_x 减小 19%。随着 r_{max}值增大，对转子施加 x 方向径向激励力分量 F_x 的脉动幅值逐渐减小，在 $r_{max}=0.15$ mm 时达最小值，随后呈逐渐上升趋势。虽然受力有所增加，但没有出现明显的突变现象且曲线过渡较平缓。当 $r_{max}=0.15\sim0.20$ mm 时，r 值对 x 方向转子径向激励力分量 F_x 的影响不显著。

图 8.9b 所示为不同渐变间隙的径向激励力分量 F_x 的脉动频域图，可以看出，监测点主频率的最大振幅也出现在 $r_{max}=0$ mm 时，然后逐渐减小，但与图 8.7a 相比，渐变间隙对径向激励力分量 F_x 脉动强度的抑制并不明显。

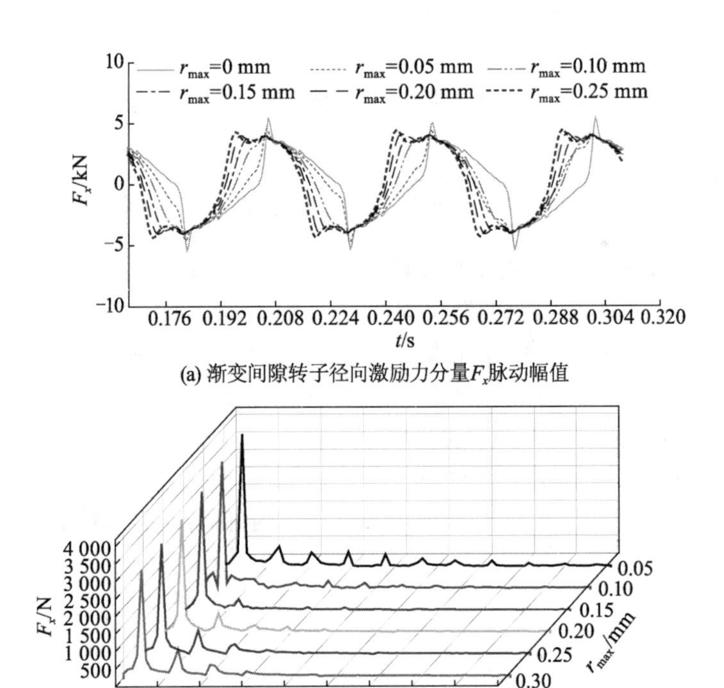

(a) 渐变间隙转子径向激励力分量F_x脉动幅值

(b) 渐变间隙转子径向激励力分量F_x脉动频域图

图 8.9 凸轮泵转子径向激励力 F_x 的脉动的幅频特性

图 8.10 所示为渐变间隙对左转子径向激励矢量的影响。从图中可以看出，左转子受 y 负方向径向激励力的大小为 x 方向的 2 倍，而且转子主要受到来自 y 轴负方向的径向激励力的影响。左转子受 x 方向径向激励力的影响不仅限于大小的变化，同时受力方向也在变化，从而使 x 方向主要受交变载荷的影响。当 r_{max}＝0.10～0.15 mm 时，受力分布较集中，没有出现明显的脉动幅值，且所受的径向激励力的幅值均小于其他值，与上述分析吻合。

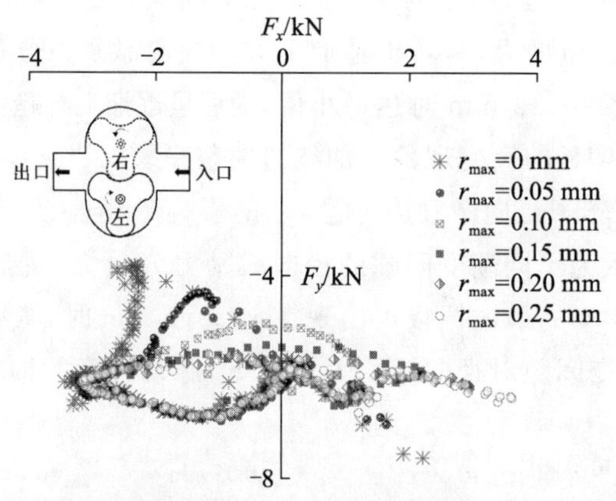

图 8.10　渐变间隙对左转子径向激励力矢量的影响

8.2.3　渐变间隙对转子腔内部流动噪声的影响

基于宽频噪声模型，对渐变间隙转子腔内部涡激噪声极大值进行数值预测，结果如图 8.11 所示。随渐变间隙 r 值增大，噪声极大值呈先降低后升高的趋势。渐变间隙转子腔可有效控制高压侧流体的泄压速率，使过渡腔内部静压逐渐增大，但等间隙转子过渡腔内部易产生静压突升。高压腔与过渡腔连通瞬间，流量脉动和压力脉动幅值显著降低，随着渐变间隙逐渐增大，转子腔出口流量脉动幅值逐渐增大，主要原因为渐变间隙的回流增大，过渡腔内部易产生回流和漩涡流动，导致凸轮泵转子腔内部涡激噪声急剧增大。

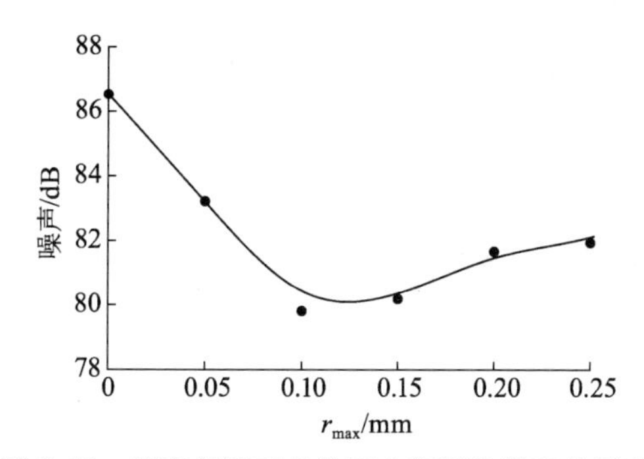

图 8.11　渐变间隙对凸轮泵内部涡激噪声的影响

8.3　小结

① 凸轮泵转子腔排液过程中存在明显的漩涡流动，漩涡流使泵出口流量脉动曲线的峰值产生小幅流量扰动。渐变间隙凸轮泵高压侧液体在叶轮封闭基元打开之前已开始回流均压，使得过渡基元内压力提前达到排出压力，从而避免了等间隙转子腔过渡基元容积开启瞬间高压端液体迅速回流而产生的漩涡扰动、压力及流量的脉动现象。

② 渐变间隙 $r_{max}=0.10$ mm 时，凸轮泵高压侧对转子 y 方向的径向激励力分量，较等间隙凸轮泵所受沿 y 方向的径向激励力减小了 12%，径向激励力脉动系数为 0.31；对转子 x 方向的径向激励力，较等间隙凸轮泵所受 x 方向的径向激励力减小了 19%。因此渐变间隙凸轮泵有效抑制应力突变对轴系的影响。

③ 基于 CFD 动网格技术，获得了渐变间隙对凸轮泵转子腔径向激励力的影响规律及其内在机制。当渐变间隙 $r_{max}=0.10$ mm 时，凸轮泵出口流量脉动和压力脉动的平均幅值达最小值，转子腔内部涡激噪声达最小值。渐变间隙 r_{max}设计在 0.10～0.15 mm 之间为最优。

9

凸轮泵转子腔内黏油流动特性数值研究

当凸轮泵输运黏油介质时,清水介质下凸轮泵转子腔几何参数设计理论已不再适用。随着介质黏度的增大,凸轮泵的体积流量、容积效率和功率等性能参数存在较大差异,所以研究高黏油条件下凸轮泵转子腔内部流动特征及其几何参数的优化匹配,具有重要的理论价值和工程背景。目前,以石油化工领域为代表的高黏性介质输送特种用泵发展迅速,而凸轮泵已成为高黏性介质输送用泵的最佳方案。本章针对凸轮泵转子腔内黏油流动特性进行数值分析和实验研究,揭示介质黏度对凸轮泵转子腔内流场分布、流量脉动、压力脉动、内部泄漏和容积效率的影响规律,并通过型线优化提高黏油条件下凸轮泵的综合性能指标。

9.1 凸轮泵转子腔内黏油数值计算

9.1.1 计算模型及黏油介质特性

(1) 计算模型

本研究的凸轮泵转子采用内外摆线型线方程,转子腔采用渐变间隙结构。凸轮泵转子型线和腔壁结构确定后,建立三维凸轮泵模型,图 9.1 所示为凸轮泵三维计算模型,计算模型主要包括转子腔、进口段和出口段。其中转子叶型数为 3,转子直径为 79.8 mm,中心距为 120 mm,转子长度为 80 mm,进出口直径为 80 mm,渐变间隙值分别为 0.1 mm,0.2 mm,0.3 mm。

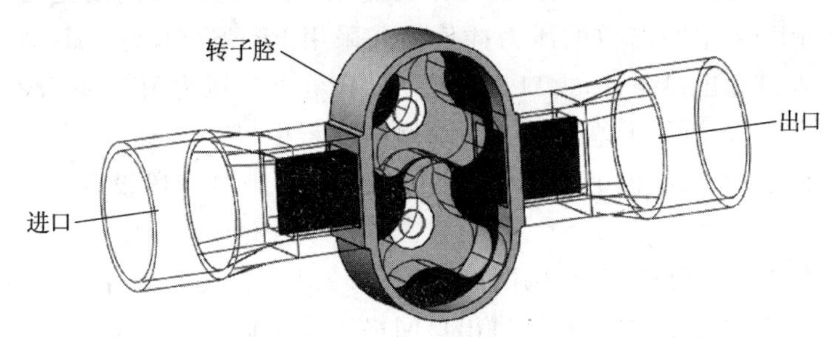

图 9.1　凸轮泵三维计算模型

(2) 黏油介质特性

为了研究不同黏度条件下凸轮泵转子腔内部流动特性及其外特性，本章选取 5 种不同黏度介质为研究对象，其黏度分别为 1×10^{-6}(清水介质)，11×10^{-6}，33×10^{-6}，72×10^{-6}，110×10^{-6} m^2/s，默认上述 4 种黏度介质为牛顿流体。考虑到介质的黏度直接影响转子腔内部流体的流动状态，因此采用进口雷诺数来统一量化不同黏度介质。凸轮泵进口雷诺数定义为

$$Re=\frac{\rho v_{ave} L}{\upsilon} \tag{9.1}$$

常温下，水的密度为 998 kg/m^3，黏油的密度为 900 kg/m^3，凸轮泵进口的特征长度取 0.08 m，不同介质下进口雷诺数如表 9.1 所示。进口雷诺数随着黏度的增大而减小，从而显著影响凸轮泵转子腔内部流体的流动特性。

表 9.1　进口雷诺数和黏度的关系

运动黏度/(10^{-6} $m^2\cdot s^{-1}$)	进口雷诺数 Re
1	59 880
11	5 400
33	1 800
72	830
110	540

9.1.2　凸轮泵转子腔内黏油流动研究

(1) 湍流模型选择

数值模拟采用雷诺时均 N-S 方程和 SST $k-\omega$ 湍流模型，SST $k-\omega$ 湍流模型采用默认参数。当介质黏度大于 33×10^{-6} m^2/s 时，凸轮泵转子腔内

流动为层流流动状态，因此湍流模型不再适用，此时选择层流模型，压力速度耦合采用 PISO，空间离散的压力插值格式采用 PRESTO，另一个是默认值。选择压力入口和出口条件，入口压力值为 0 Pa，出口压力值为 405.3 kPa，凸轮泵在 0.4 MPa 的负压差工作。在动网格模型中，转子表面对应于刚体，驱动转子的设定中心为(0,0)，从动转子为(120,0)。其他字段设置为静止。

(2) 网格处理

通过 ICEM CFD 绘制结构网格，如图 9.2 所示。为了确保网格质量达到计算的精度要求，凸轮泵计算域进出口网格质量控制在 0.5 以上，转子部分网格质量控制在 0.3 以上。为了避免网格数量对计算结果产生影响，验证凸轮泵计算域是否满足网格无关性条件。如图 9.3 所示，网格数为 0.4×10^6 与网格数为 0.6×10^6 的计算误差小于 0.62%，同时网格数为 0.6×10^6 与网格数为 0.8×10^6 的计算误差小于 0.97%。网格数为 0.2×10^6 与网格数为 0.4×10^6 之间的数值计算误差大于 9%。本研究最终采用网格数为 0.6×10^6 的模型计算域进行数值计算。时间步长计算采用如下公式：

$$\Delta t=\frac{\kappa_{\mathrm{CFL}}\cdot L_{\min}}{v_{\mathrm{inlet}}} \tag{9.2}$$

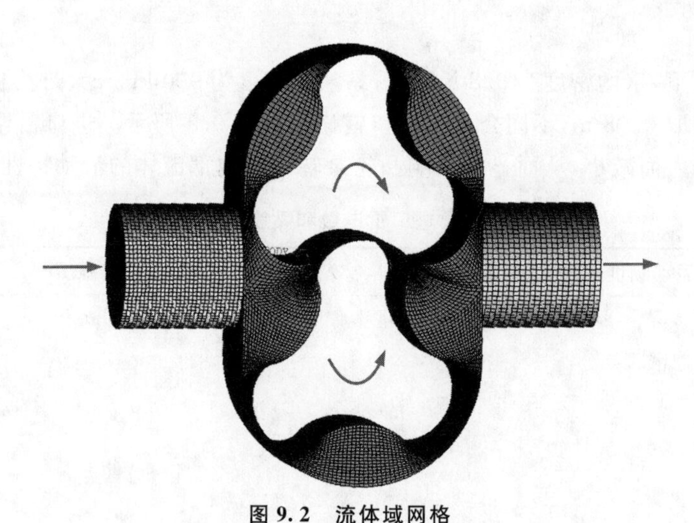

图 9.2　流体域网格

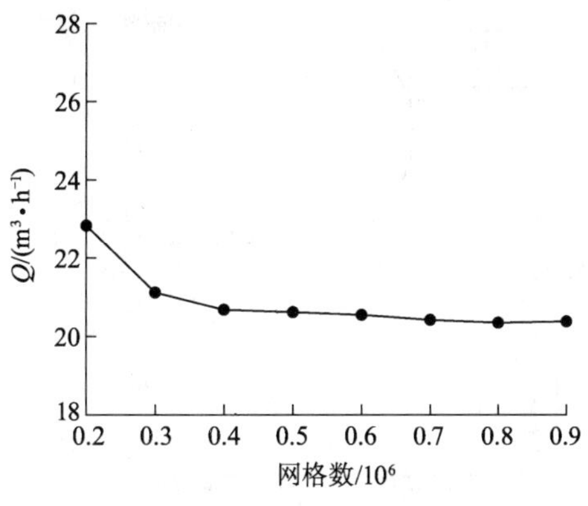

图 9.3　网格无关性验证

本章提出 3 种时间步长的迭代计算方案：5×10^{-5} s，1×10^{-5} s，5×10^{-6} s。当时间步长为 5×10^{-5} s 时数值计算过程中出现负网格，其他 2 种时间步长方案的误差值小于 0.5%。结合计算所需的工作时间，本章采用时间步长为 1×10^{-5} s 的方案。

(3) 动网格设置

凸轮泵转子腔内部容积随着转子反向同步旋转而周期性变化，计算时使用动网格模型将计算域网格重构，以适用转子腔容积的周期性变化。两转子壁面设置为动面，转子腔计算域其他部分设置为刚体。基于 Fluent 软件，通过写入 UDF 控制两转子的反向同步旋转的参数特征，并分别在对应动面上设置转子的旋转中心，其中旋转速度分别为 100，200，300，400 r/min。网格重构模型中，通过局部网格重构方法判断运动中的网格质量是否低于用户的规定值，如果网格质量过低，那么该网格将在下一步计算前被重新划分。

9.1.3　凸轮泵黏油流动实验台与实验分析

(1) 凸轮泵黏油性能实验台

在相同工况下，数值计算结果的可靠性在实验中得到验证。在闭式实验系统中，大范围改变介质黏度和彻底更换管路中的介质十分困难，所以实验中采用两种黏度介质进行验证。实验中通过调节各类阀门达到不同流动工况，使用电磁流量计测量泵出口管路流量。压力传感器测量进出口压力，转速由转矩转速仪测量。图 9.4 所示为凸轮泵黏油闭式实验系统和实验台布置图。实验设备还包括压力变送器、BK－1 轴力传感器和电磁流量计等。

管路
油箱
压力表
流量调节阀
流量计
凸轮转子泵

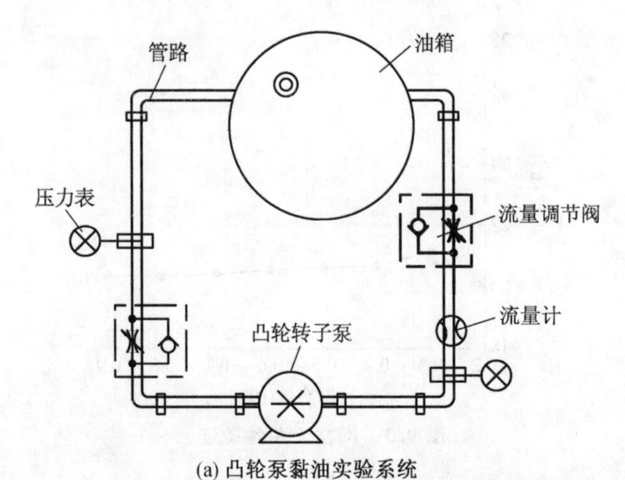

(a) 凸轮泵黏油实验系统

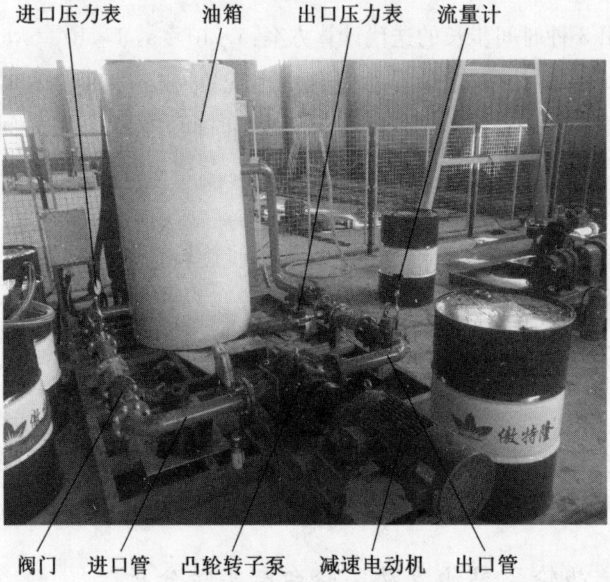

进口压力表
油箱
出口压力表
流量计
阀门
进口管
凸轮转子泵
减速电动机
出口管

(b) 凸轮泵黏油实验台布置

图 9.4 凸轮泵黏油闭式实验系统

(2) 凸轮泵黏油性能数值模拟与实验比较

图 9.5 为转速 400 r/min 时不同工作压力下的实验与数值模拟对比图。结果表明,在相同工作压力下,高黏度介质的流量值明显高于低黏度介质的相应流量值。当工作压力增大时,2 种黏度条件下转子腔间隙泄漏均存在明显增大的趋势,数值模拟结果与实验结果误差控制在 3%以内,误差的主要原

因是数值模拟中忽略了转子和转子腔的轴向泄漏流，所以 SST $k-\omega$ 湍流模型可以较为准确地预测凸轮泵转子腔内部的黏油流动特性。

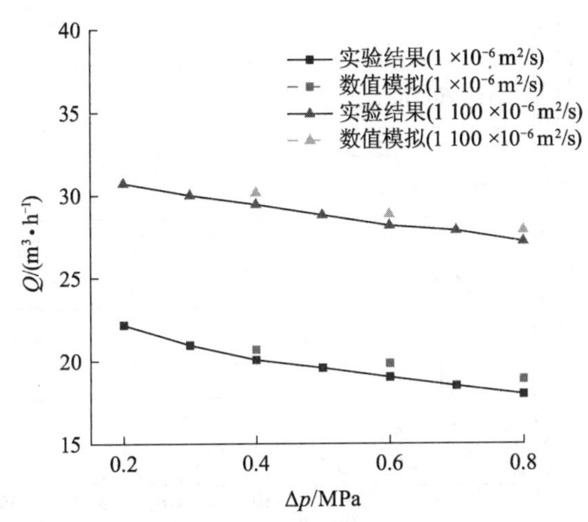

图 9.5　凸轮泵黏油数值模拟和实验结果对比

9.2　凸轮泵转子腔内黏油流动数值分析

9.2.1　黏度对转子腔内流动规律的影响

图 9.6 显示了凸轮泵出口的瞬时流量脉动特性和压力脉动特性。显然，在一个周期内存在 6 个流量脉动峰值点，因为每个转子在旋转周期中通过出口区域 3 次。图 9.6a 显示了具有固定间隙的转子腔中的瞬时流量。由图可以看出，随着黏度的增大，出口流速增大且内部流动变得更稳定，并且当低黏度波达到峰值时出现“尖点”。图 9.6b 显示了具有不同黏度的固定间隙的总压力曲线，监测表面是转子腔和出口部分之间的界面。在“尖点”区域，随着黏度的增大，总压力曲线中的波峰从强信号变为多个弱化波峰，或者在突然跳跃时分裂成多个稳定的 2 次波形。总的来说，随着黏度的增大，总压力曲线变得更加稳定和规则。

其主要原因是介质黏度增大时腔内流动状态发生改变，可以通过雷诺数 Re 体现。以表 9.1 中进口雷诺数为例，当黏度大于 $33\times10^{-6}\ \mathrm{m^2/s}$ 时，进口雷诺数小于 1 800，此时进口段流动可以看成层流，黏性力对流动的作用不可忽视。随着黏度的增大，黏性力对流动的影响变得更加明显，从而提高了稳定性和抗干扰能力，结果脉动减弱，压力幅度减小。同时，黏度的增大影响边界层的形成，从而影响间隙中的泄漏以改变出口的流动。

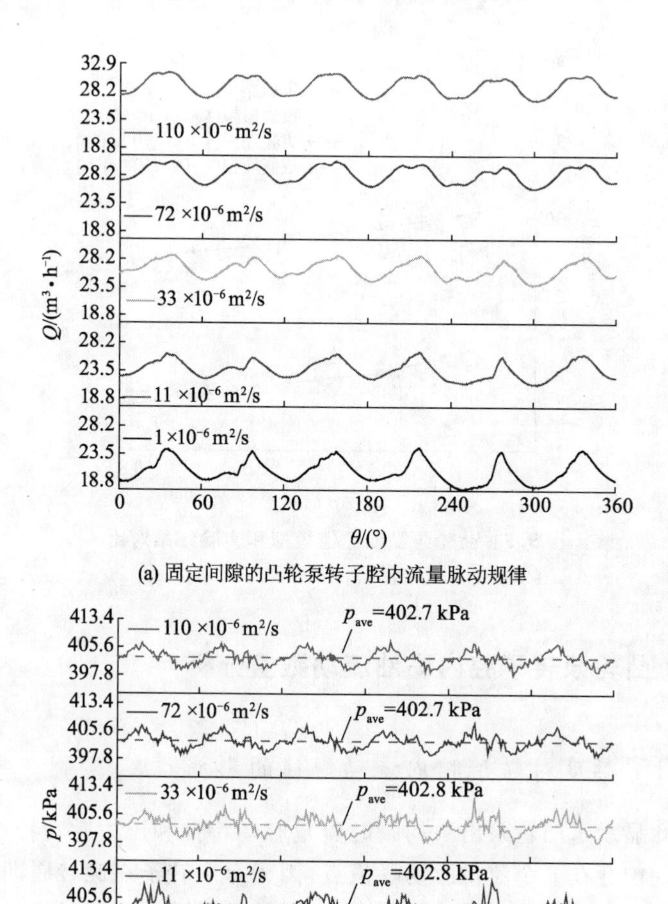

(a) 固定间隙的凸轮泵转子腔内流量脉动规律

(b) 固定间隙的凸轮泵转子腔内压力脉动

图 9.6 固定间隙凸轮泵转子腔压力脉动规律

9.2.2 黏度对凸轮泵转子腔内部泄漏的影响

实际工作中，泵的内部泄漏是影响泵性能的主要原因，内泄漏分为转子-

转子间泄漏和转子腔间隙泄漏。转子腔泄漏，介质先由高压侧泄漏至过渡腔，再由过渡腔泄漏至低压侧；转子-转子间泄漏，介质由高压侧通过转子间隙直接泄漏至低压侧。由于转子间隙尺寸比转子腔间隙尺寸大，因而内泄漏以转子-转子间泄漏为主。如图 9.7 所示，出口流量随着黏度的增大而增大，同时可看出，与梯度间隙相比，黏度变化是影响内部泄漏的主要因素。

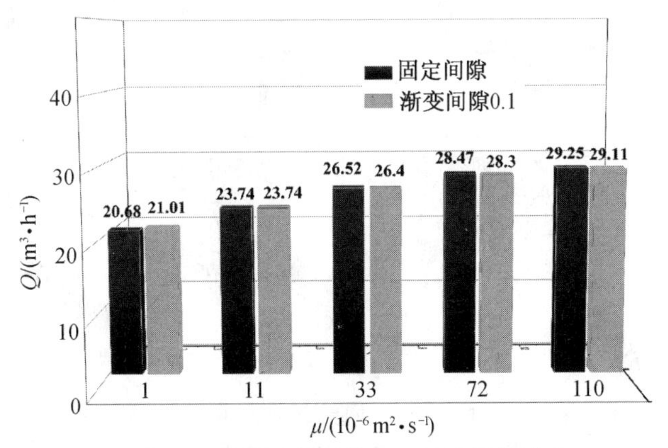

图 9.7 黏度对凸轮泵出口平均流量的影响

图 9.8 所示为不同黏度下转子间隙的速度云图。由图可知，当黏度较小时，边界层很薄，对间隙内流动几乎没有什么影响。随着介质黏度的增大，在转子间隙形成的边界层变厚，边界层附着在转子壁上且流动缓慢，形成堵塞转子间隙的效果，从而控制内泄漏，增大出口流量。黏度增大还使壁面黏性剪切力增大，抑制介质流动，减小间隙泄漏速度。

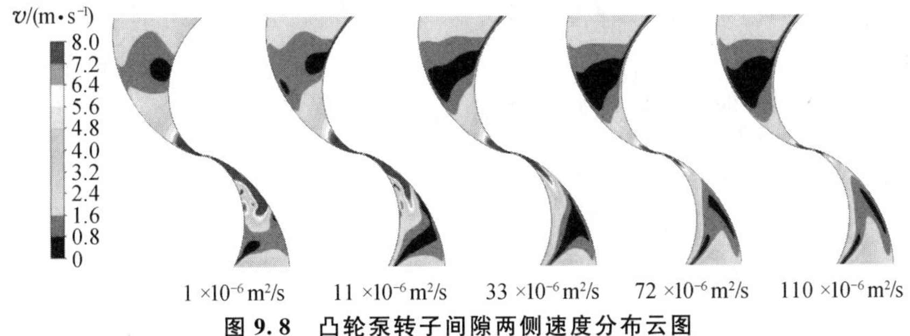

图 9.8 凸轮泵转子间隙两侧速度分布云图

图 9.9 所示为凸轮泵转子腔内速度矢量分布。由图随着输送介质黏度的增大，转子腔内流动速度逐渐增大，转子之间和转子与转子腔之间的间隙泄

漏量显著减少。从转子腔内速度矢量方向看，间隙内低黏度介质大多向低压侧流动，而高黏度介质则有较大部分向出口段流动。

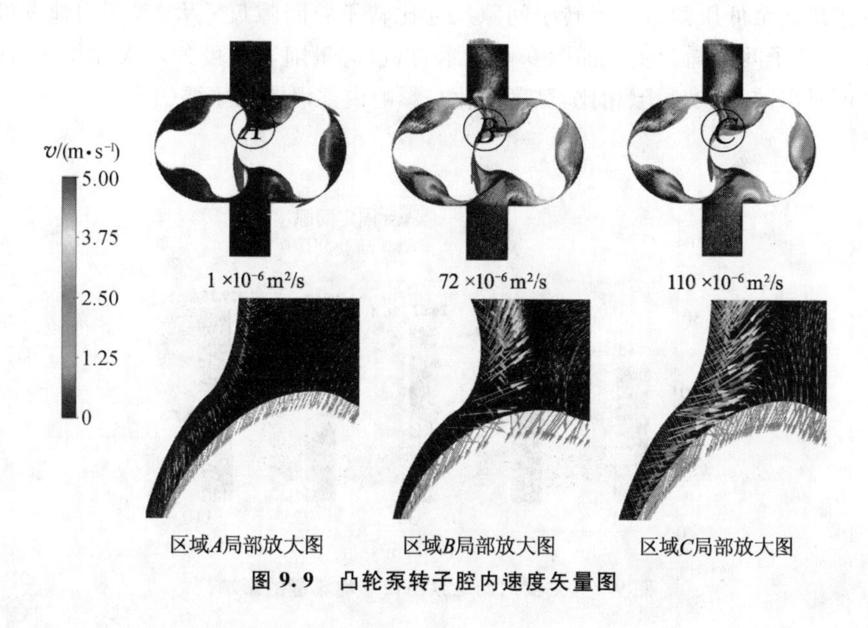

图 9.9　凸轮泵转子腔内速度矢量图

9.2.3　渐变间隙结构对低黏度介质的影响

引入渐变间隙的目的是为了优化转子腔内部压力脉动和转子径向激励力。本节主要研究低黏度介质在不同间隙结构下的压力和转子受力情况。图 9.10 为不同间隙结构下的瞬时压力曲线。如图 9.10a 所示，在黏度为 $11\times10^{-6}\ m^2/s$ 时，当渐变间隙渐变值为 0.2～0.3 mm 时，与固定间隙结构相比渐变间隙结构瞬时压力曲线的稳定性和规律性有显著提高。渐变值为 0.2 mm 时压力脉动强度降低 40％。如图 9.10b 所示，在黏度 $33\times10^{-6}\ m^2/s$ 下具有同样的趋势，渐变值为 0.3 mm 时压力脉动强度降低 30％。

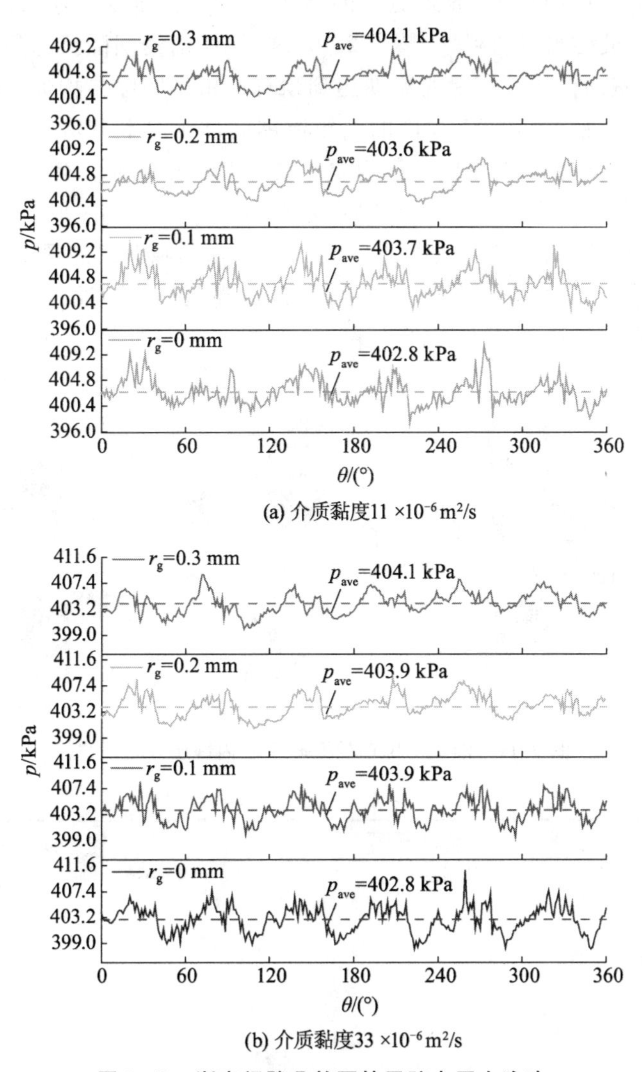

(a) 介质黏度11 $\times 10^{-6}$ m^2/s

(b) 介质黏度33 $\times 10^{-6}$ m^2/s

图 9.10　渐变间隙凸轮泵转子腔内压力脉动

转子与壁面间隙相当于一个通道连接着腔室 A、B，而渐变间隙就相当于一个扩张通道。由于固定间隙的转子与壁面间隙非常狭小，从腔室 A 泄漏到腔室 B 的介质很少，大部分介质由于转子转动容积体积变化被挤压，因而在交互面产生非常大的压力。图 9.11 所示为渐变间隙下某周期内转动角度 240°～300°(0.025 s)凸轮泵转子腔内中间截面的压力分布。在 t_0 时刻，转子刚进入渐变结构，此时腔室 A、B 之间压力差较大；在(t_0＋0.012 5) s 时刻，转子进入渐变间隙结构，间隙增大，导致更多的高压流体通过渐变间隙从高压腔室 A 流入腔室 B；最终当转动到(t_0＋0.025 0) s 时刻，渐变间隙尺寸达到最大值，此时高压腔室向低压腔室泄漏流动达到顶峰。由于间隙结构促进转子-壁面间的泄漏流动，使高压腔室 A 内的高压流体向过渡腔室 B 流入，从而缩小过渡腔室 B 与高压腔室 A 之间的压力差。结合上述分析显示，渐变间隙结构可以显著优化腔内压力脉动。图 9.12 所示为(t_0＋0.025 0) s 时刻不同间隙结构内流动矢量分布，当渐变值为 0.2，0.3 mm 时，间隙泄漏范围比其他间隙都大。当转子转动压出介质向出口流动时，部分高压侧流体通过扩张通道泄漏至低压侧，此时的瞬时压力值将下降。

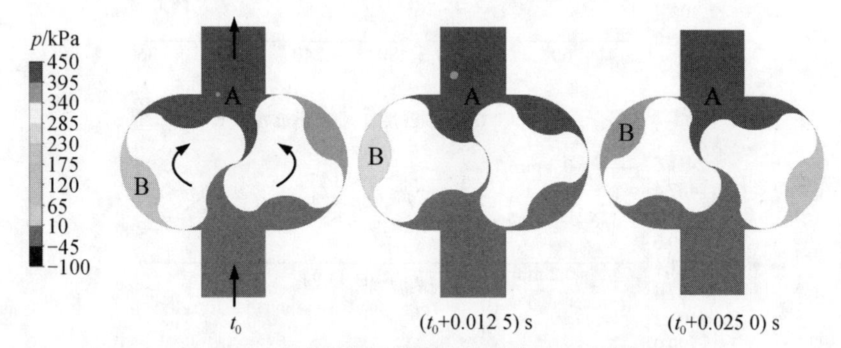

图 9.11　渐变间隙凸轮泵转子腔内静压分布规律

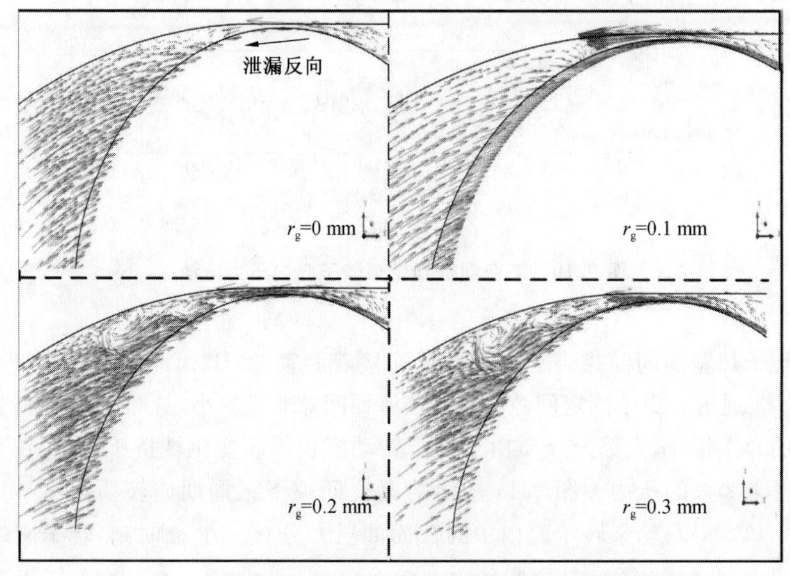

图 9.12　渐变间隙凸轮泵转子腔间隙的泄漏速度分布规律

图 9.13 所示为凸轮泵转子旋转一圈时,输送黏度介质(黏度为 11×10^{-6} m²/s 和 33×10^{-6} m²/s)的凸轮泵转子径向激励力分布规律。可以看出,当渐变间隙值在 0～0.1 mm 时,转子受到的径向激励力的幅值较大,转子径向激励力的脉动幅值存在明显的峰值特征;当渐变间隙值在 0.2～0.3 mm 时,转子受到的径向激励力的幅值较小,转子径向激励力的脉动幅值存在明显的周期性特征,结果表明低黏度条件下渐变间隙可以抑制凸轮泵转子径向激励力。不同黏度条件下渐变间隙的最优值:清水介质时最优间隙值为 0.1 mm,而在低黏度介质黏度为[$(1\sim33)\times10^{-6}$ m²/s]时最优间隙值在 0.2～0.3 mm 之间。

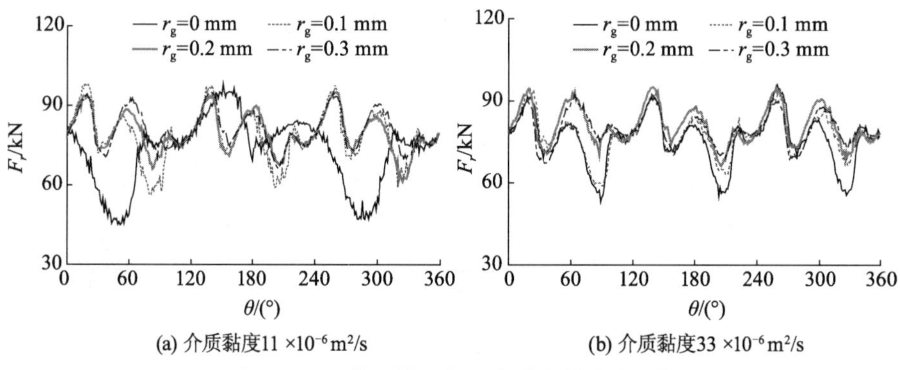

(a) 介质黏度11×10^{-6} m²/s　　(b) 介质黏度33×10^{-6} m²/s

图 9.13　凸轮泵转子径向激励力的脉动规律

9.2.4　转速对凸轮泵转子腔内流量特性的影响

图 9.14 所示为转速对凸轮泵出口流量的影响。图 9.15 所示为转速对凸轮泵容积效率的影响。当转速从 400 r/min 减小至 100 r/min,黏度为 11×10^{-6} m²/s 的介质出口流量下降 95%;黏度 72×10^{-6} m²/s 的介质出口流量下降 80%。相比于高黏度介质,低黏度介质对转速变化的敏感程度明显高于高黏度介质。在实际工程实践中,当输送低黏度介质时可适当增大转速以提高泵的容积效率。由于黏度越大流动越困难,因而在输送高黏度介质时,可适当减小转速。

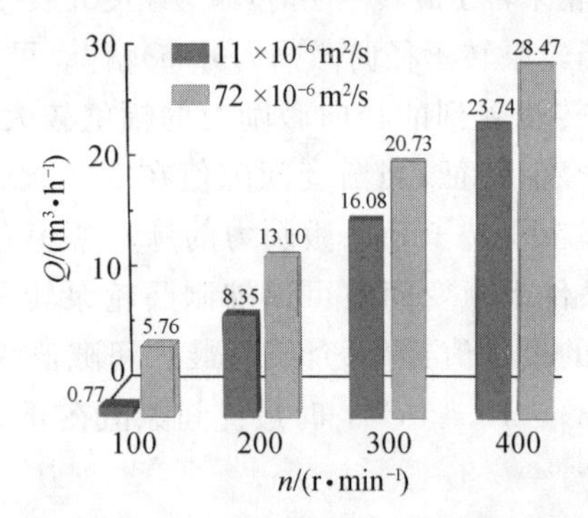

图 9.14　转速对凸轮泵出口流量的影响

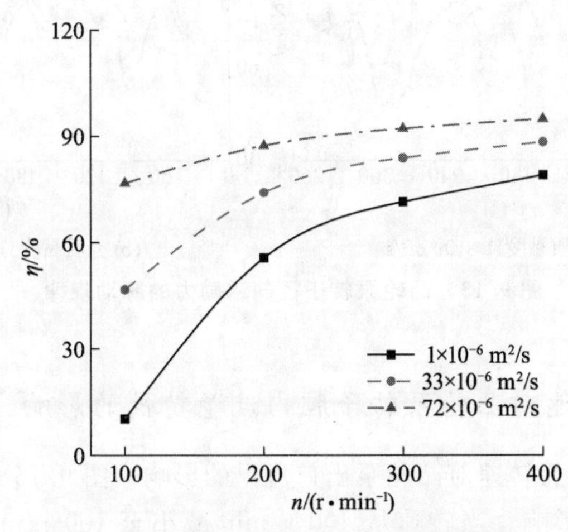

图 9.15　转速对凸轮泵容积效率的影响

9.3　小结

① 介质黏度是影响流量和转子腔内流动的主要因素，随着黏度增大，出口流量增加且内部流动平稳。在内泄漏方面，随着黏度的增大，转子-转子间隙泄漏明显下降。从泄漏的速度矢量来看，低黏度流体主要流向低压侧，高黏度流体主要流向出口侧。

② 基于模拟结果，可以得出渐变间隙结构可以有效优化低黏度下的压力脉动和径向激励力。渐变间隙相当于一个连接高压腔和低压腔之间的扩张通

道，增加了转子和转子腔内壁面间隙的泄漏量，从而优化压力脉动和径向激励力。在低黏度下[$(1\sim33)\times10^{-6}$ m^2/s]，渐变间隙的最佳值在 0.2～0.3 mm 之间。

③ 可通过增大转速提高凸轮泵的容积效率，同时对电机性能要求也有所提高。结合不同黏度、不同转速下的表现可知，低黏度介质可以适当提高转速，高黏度介质可以适当降低。

10

启动过程对凸轮泵转子腔内瞬态特性的影响

目前，国内外关于凸轮泵快速启动的过渡中转子腔内部瞬态流动特性的研究较少。凸轮泵启动过程是加速方式、启动时间、管路阻力特性、流体惯性及内部流场结构等多重因素共同作用的结果。凸轮泵出口端流量从0快速上升到额定流量值时，凸轮泵转子诱发不稳定的转子激励力。同时，快速启动过程跨越传动轴系的多阶固有频率，振动幅值和频率多变，具有丰富的结构动力学特性。基于渐开线凸轮泵转子型线方程，本章研究不同启动方式和启动时间对凸轮泵转子腔内部流场分布和性能参数的影响规律，揭示凸轮泵启动过程中流量脉动、压力脉动、转子激励力及内部非定常流场等参数随时间的定量关系，为凸轮泵快速启动过程中启动方式和启动时间的选择提供理论依据。

10.1 计算模型及数值求解方法

10.1.1 额定参数

本章采用渐开线凸轮泵转子型线，主要由圆弧－渐开线－圆弧包络线组成，其中 AB 段为齿顶圆弧段，BC 段为渐开线段，CD 段齿根圆弧包络线段，其中渐开线凸轮泵转子型线参照图2.5所示，其转子型线方程参见式(2.10)至式(2.13)。表10.1所示为渐开线型凸轮泵主要几何参数。

表10.1 凸轮泵主要几何参数

参数	取值
齿顶圆直径 d_m/mm	189.6
转子中心距 L/mm	120

续表

参数	取值
进口压力 p_{in}/MPa	0
出口压力 p_{out}/MPa	0.4
转子轴向长度 T/mm	100
进出口管段直径 d/mm	80
额定转速 n/(r·min^{-1})	450

10.1.2 数值求解方法

数值计算所采用的湍流模型为 RNG $k-\varepsilon$ 湍流模型，采用 PISO 的压力速度耦合模式。考虑 3 叶型数凸轮泵的对称性，三维模型径向截面流动和二维模型的流动特性基本相同，即二维模型能够揭示启动过程中凸轮泵转子腔内三维瞬态流动特性。因此，计算中将三维模型简化为二维模型进行动网格计算。由于转子啮合及转子与泵腔之间的间隙非常小，且动网格对网格尺度和网格质量的要求高，为了确保各间隙处有足够多网格数保证计算精度，转子部分计算域采用适应性较好的三角形网格，进出口段采用四边形网格，如图 10.1 所示。由于不同计算域网格的生成方式不同，交界面两侧网格数和节点位置不能完全一致，因此转子部分与进、出口部分之间的交界面采用非一致网格交界面(Interface)，以保证界面间计算数据的正确传递。

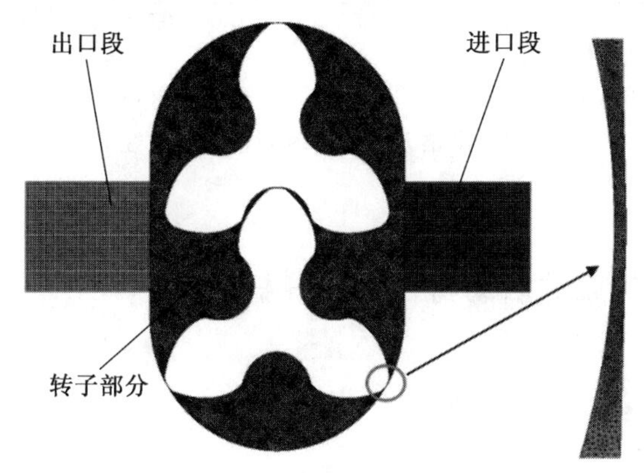

图 10.1 计算域网格划分

10.1.3 网格和时间步长验证

由于采用动网格的计算模式，为满足计算精度要求，计算域网格尺度应足够小，因而需进行网格无关性和时间步长独立性验证。

图 10.2 为网格无关性和时间步长独立性验证。如图 10.2a 所示，网格数为 3.5×10^5 和 3.6×10^5 的出口流量误差小于 0.230%；网格数为 3.6×10^5 和 3.7×10^5 的出口流量误差小于 0.041%，最终本研究的计算域网格数确定为 3.6×10^5。

图 10.2b 所示为网格数为 3.6×10^5 时，3 种不同时间步长下出口体积流量的数值计算结果。3 种时间步长的数值计算误差小于 0.15%，最终时间步长采用 1×10^{-5} s。当时间步长大于 1×10^{-5} s 时，网格扭曲度大于 0.95，网格重组过程中出现负体积网格，数值模拟结果出错。两转子设定为运动边界，两侧泵体设置为刚体，转子的运动方式由 UDF 编程输入。

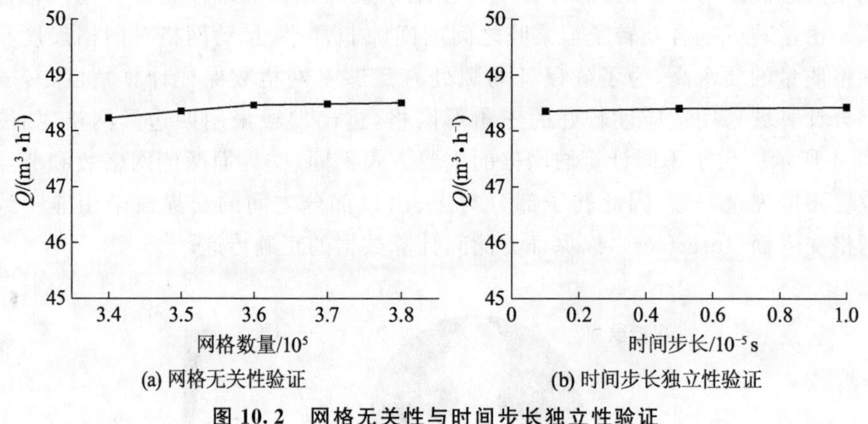

(a) 网格无关性验证　　(b) 时间步长独立性验证

图 10.2 网格无关性与时间步长独立性验证

10.2 凸轮泵的启动特性数值分析

10.2.1 启动方式的定义

表 10.2 所示为启动方式的主要特征参数，主要包括 3 种启动方式：正常启动、线性启动和指数启动，并且对应不同线性方程、启动时间和最大转速值。图 10.3 为正常启动、线性启动和指数启动方式随时间的变化规律。

线性启动方式的转速定义为

$$N_L=\begin{cases}\dfrac{N\times t}{T_P}, & t\leqslant T_P\\ N, & t>T_P\end{cases} \tag{10.1}$$

指数启动方式的转速定义为

$$N_E=\begin{cases}N(1-e^{-t\cdot T_{na}}), & t\leqslant T_P\\ N, & t>T_P\end{cases} \tag{10.2}$$

式中：N 为启动结束后的工作转速；t 为名义加速时间，定义为转速从 0 快速增加到工作转速时所需要的时间；T_{na} 为系数。

表 10.2　启动方式的主要特征参数

启动方式	线性方程	启动时间/s	最大转速/(r·min^{-1})
线性启动	$n(t)=9\ 000\cdot t$	0.05	450
线性启动	$n(t)=4\ 500\cdot t$	0.10	450
线性启动	$n(t)=3\ 000\cdot t$	0.15	450
指数启动	$n(t)=450\cdot(1-e^{-70.98t})$	0.10	450

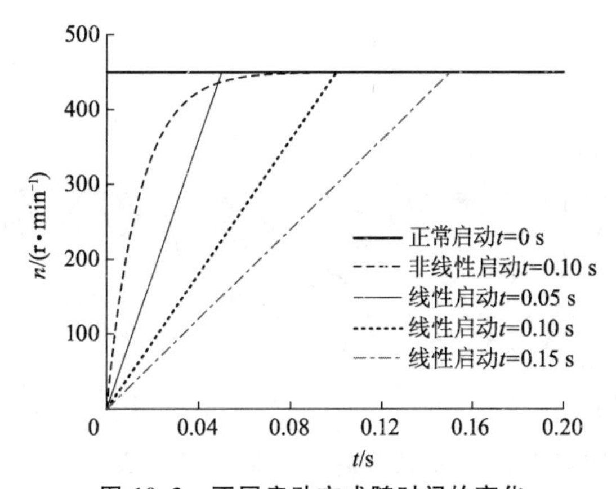

图 10.3　不同启动方式随时间的变化

10.2.2　启动方式对凸轮泵出口流量的影响

为了阐明启动过程中凸轮泵转子腔内部瞬态流动机理，揭示凸轮泵转子腔内部流场特性与外特性之间的相互关系，通过建立凸轮泵瞬态性能数值计算方法，分别对 5 种启动方式的凸轮泵出口流量脉动和进口流速变化规律进行比较，如图 10.4 和图 10.5 所示。研究表明，启动方式对凸轮泵出口流量脉动的影响比较显著,3 种线性启动方式下凸轮泵出口均存在明显的短时流体回流现象,凸轮泵出口回流的流量值随启动时间的增加而增大。随着启动时间的增加,当凸轮泵达到额定转速后,5 种启动方式的凸轮泵出口流量脉动呈稳定的周期性波动。

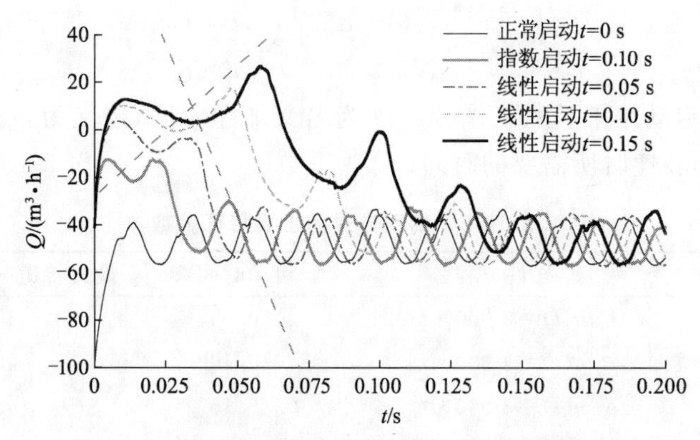

图 10.4　不同启动方式下凸轮泵出口流量脉动规律

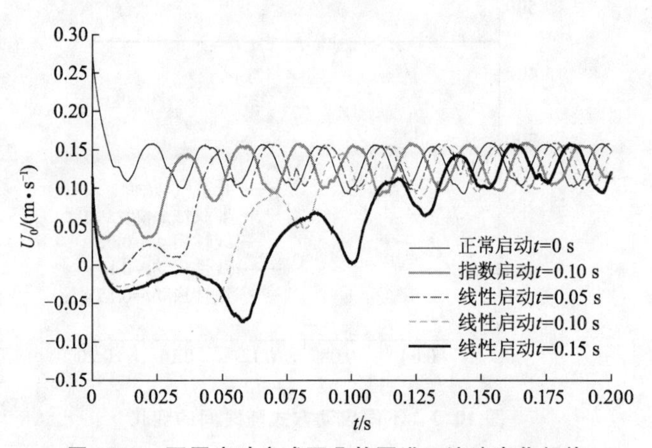

图 10.5　不同启动方式下凸轮泵进口流速变化规律

如图 10.5 所示,5 种启动方式下凸轮泵进口流速变化规律也存在较大差异。启动瞬间,3 种线性启动方式中凸轮泵进口流速呈现先波浪式陡降,再随着转速的增大波浪式上升的变化规律。当 3 种线性启动方式达到启动时刻后,凸轮泵进口流速逐渐呈现稳定波动规律,其中,当线性启动方式 $t=0.10$ s 和 $t=0.15$ s 的启动过程中,凸轮泵进口流速在短时为负值,即此时泵进口流动方向为逆向流动，由于泵进口低压区和出口高压区之间的压力差作用，以及泵进口吸力不足产生的进口真空度不够，导致短暂过程中凸轮泵转子腔高压区和过渡区流体逆向流动到进口低压区。随着转速的逐渐增大，凸轮泵进口流速逐渐增加到正常数值。

10.2.3 不同启动方式对转子径向激励力的影响

凸轮泵在快速启停、突然断电及卡轴等瞬态工况下，其流量参数在短时间内会发生剧烈变化。例如，在快速启动过程中，凸轮泵的转速、流量、压力等参数将发生剧烈变化，其进口雷诺数将随转速的增大而快速增大，流态从层流急剧变化至湍流，流体的湍流强度剧烈上升，导致转子径向激励力剧烈变化。此时，凸轮泵转子腔内部流动是典型的瞬态过渡过程。

图 10.6 所示为通过监测不同启动方式时凸轮泵转子所受的径向激励力，得到的启动方式对转子径向激励力分量 F_y 的影响规律。由图可以看出，转子在正常启动时受到较大的瞬时径向激励力的作用，最大径向激励力分量 F_y 达到 430 kN，方向沿 y 轴的负方向，然后线性陡降至 50 kN，在启动时间为 0.012 5 s 处达到第一个峰值点。此时 dQ/dt 达到峰值，且凸轮泵转速达到额定时径向激励力分量 F_y 趋于稳定值。线性和指数启动方式的径向激励力分量 F_y 在启动时显著减小。当 5 种启动方式均达到稳定时，其径向激励力分量 F_y 幅值的波动范围在 0～150 kN 之间，且 5 种启动方式下径向激励力分量 F_y 的波动相位与启动时间和启动方式存在直接关系。

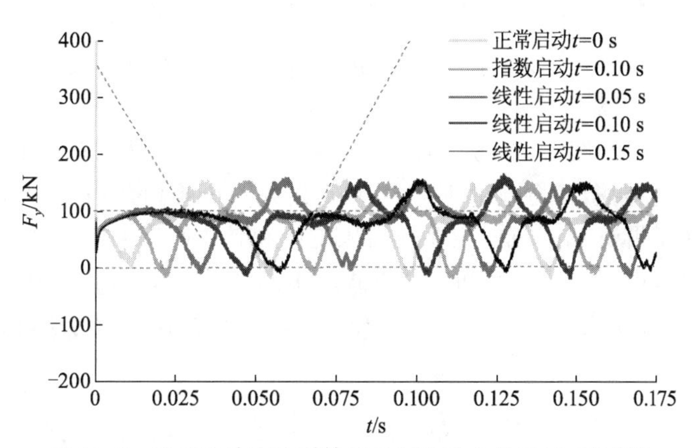

图 10.6 不同启动方式对转子径向激励力分量 F_y 的影响

如图 10.7 所示，在正常启动方式下，径向激励力分量 F_x 的最大值达到 70 kN，方向沿 x 轴的负方向，随后逐渐减小。然而，线性启动和指数启动方式时，从启动开始的 0 kN 增大到第一个峰值 25 kN。随转速的增加，指数启动方式比线性启动方式更早达到峰值，第一个峰值点到达的时间和启动时间有直接关系，第一个峰值点到达的先后顺序为：正常启动方式 $t=0$ s、指数启动方式 $t=0.10$ s、线性启动方式 $t=0.05$ s、线性启动方式 $t=0.10$ s 和线性启动方式 $t=0.15$ s。

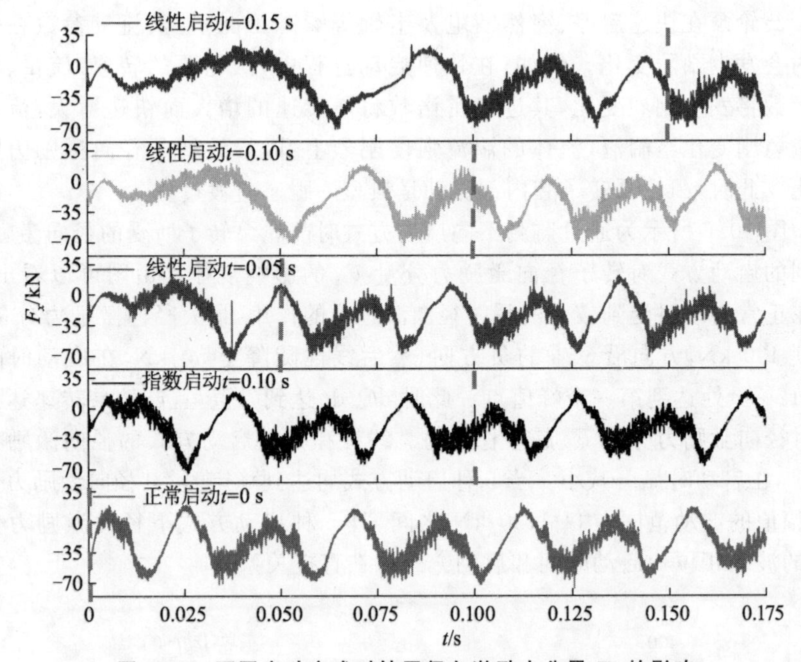

图 10.7 不同启动方式对转子径向激励力分量 F_x 的影响

由图 10.6 和图 10.7 可以看出，5 种启动方式下，随着转速的逐渐增加，凸轮泵转子径向激励力分量 F_x 和 F_y 到达第一个峰值的时间存在明显的时间迟滞，转子沿 x 和 y 方向主要受高压流体和转子瞬态启动过渡过程的旋转效应的影响，由于启动时间和启动方式的不同，5 种启动方式下凸轮泵转子沿 x 和 y 方向的径向激励力分量 F_x 和 F_y 的脉动相位和脉动幅值存在显著差异。

10.2.4 正常启动及线性启动 $t=0.10$ s 时凸轮泵内部静压分布

图 10.8 所示为正常启动方式和线性启动方式 $t=0.10$ s 过程中，凸轮泵转子腔内部静压分布规律。相同启动时间下，随着转子旋转角的变化，正常启动方式中凸轮泵低压区内部静压呈现不均匀分布，同时低压区内易形成局

部低压团。线性启动方式可显著减少启动过程中局部低压聚集，从而有效抑制凸轮泵产生局部低压区而造成局部空化现象。同时，局部低压区也使流体产生较强的漩涡区，使转子腔局部水力损失增大。从图 10.8 中可以看出，由于凸轮泵转子腔出口压力值高于进口压力值，工作过程中凸轮泵主轴主要承受来自高压侧的径向激励力分量作用；在启动过程中，正常启动方式下凸轮泵低压侧压力低于线性启动方式对应的压力值，所以线性启动方式可显著降低凸轮泵主轴所受径向激励力分量的影响，从而验证了图 10.6 对比结果的正确性。

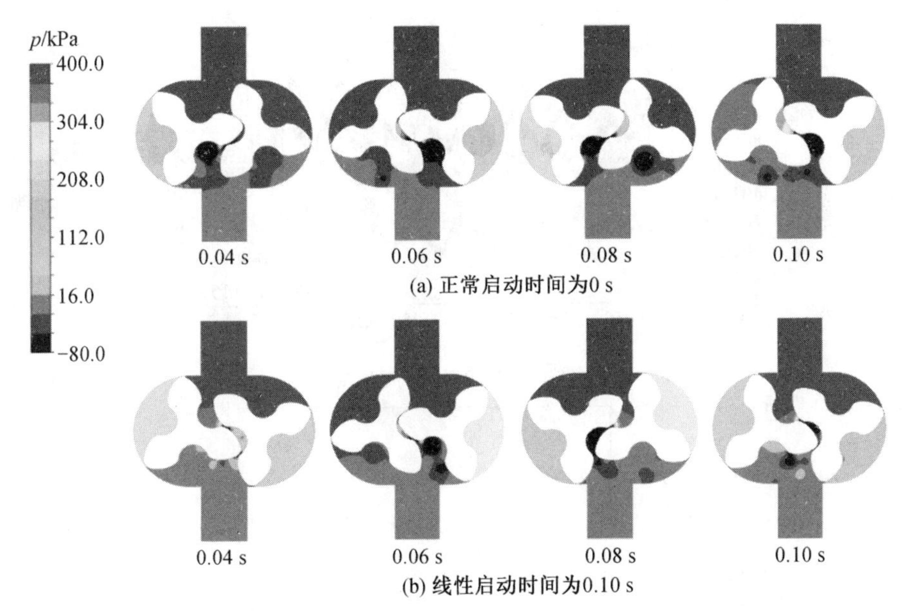

图 10.8　正常和线性启动方式 t=0.1 s过程中转子腔内静压分布

10.2.5　不同启动方式下凸轮泵进出口压力变化规律

图 10.9a 和图 10.9c 所示为不同启动方式下凸轮泵进出口压力脉动时域图。由图可以看出，5 种启动方式下凸轮泵进口压力脉动幅值差异不明显，进口压力脉动的瞬时最大值介于 70～90 kPa 之间，当达到额定转速后进口压力脉动幅值趋于稳定，5 种启动方式下凸轮泵进口压力脉动幅值相差不大，而相位差和启动时间及启动方式有直接关系。图 10.9c 所示为凸轮泵出口压力脉动曲线，结果表明：正常启动方式下，凸轮泵进口压力脉动幅值 p_{in}存在瞬时最大值，达到 490 kPa，其他 4 种启动方式下凸轮泵出口压力脉动幅值明显减

弱。图 10.9b 和图 10.9d 分别为不同启动方式下凸轮泵进、出口压力脉动的频域图。由图可以看出，监测点压力脉动的主频接近 45 Hz，即为理论计算值的 2 倍，这是由于当 2 个转子旋转时存在相位差所致；监测点主频振幅的最大值分别出现在正常启动方式和指数启动方式，而线性启动方式下主频振幅明显减小。结果表明，线性启动方式可以有效抑制凸轮泵进出口压力脉动的强度。

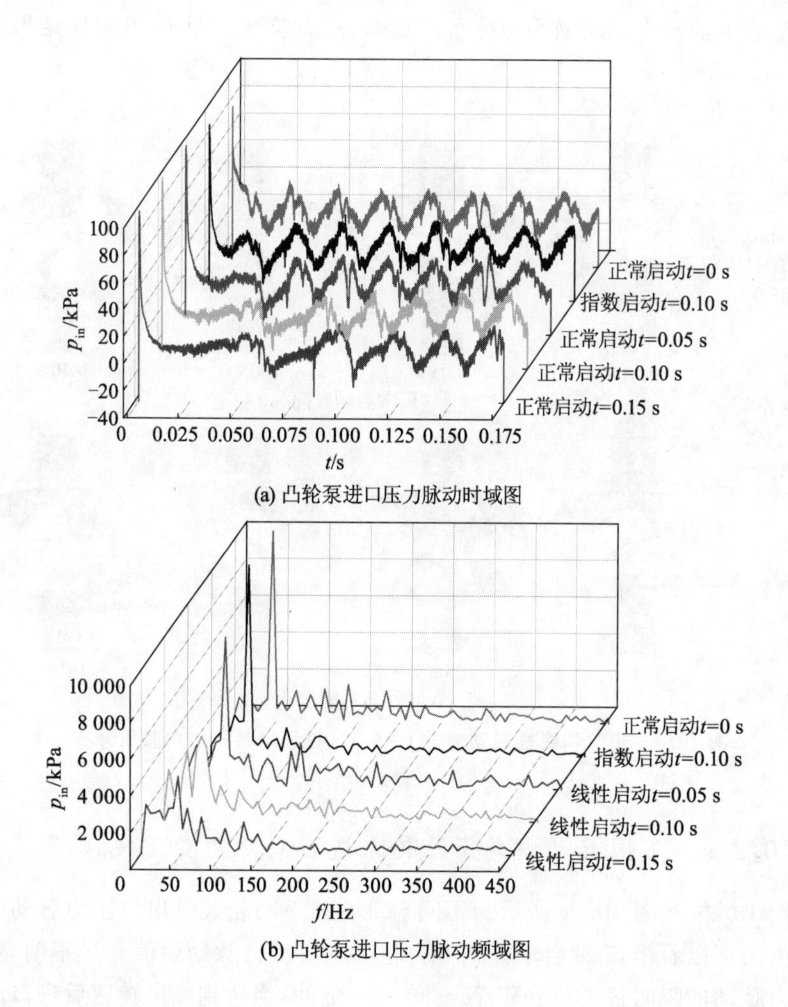

(a) 凸轮泵进口压力脉动时域图

(b) 凸轮泵进口压力脉动频域图

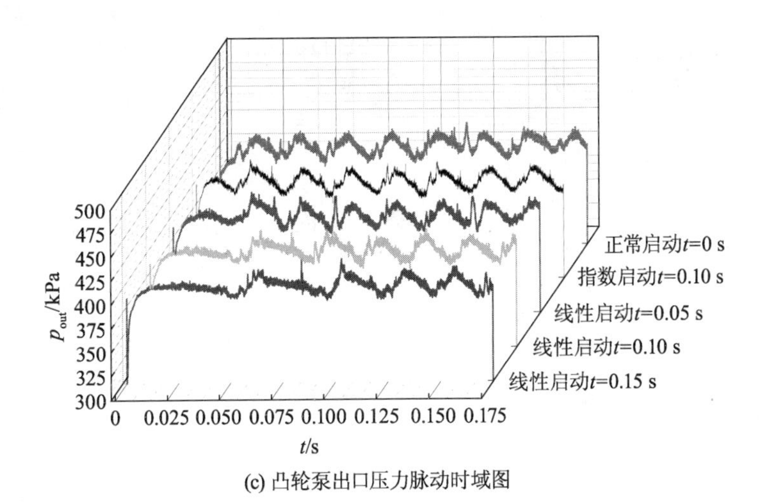

(c) 凸轮泵出口压力脉动时域图

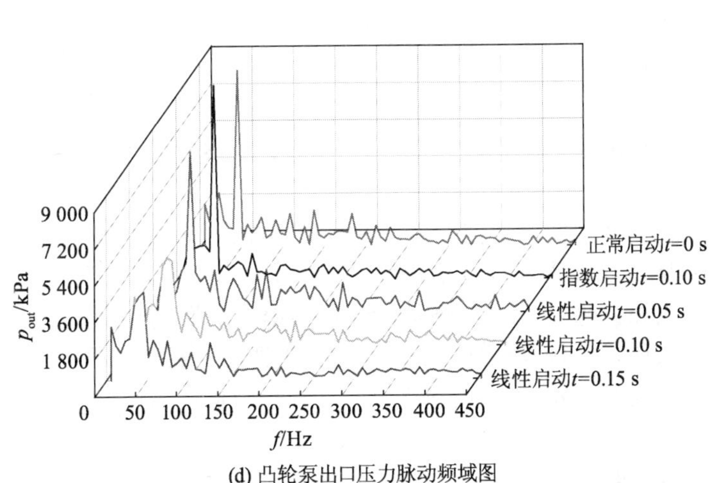

(d) 凸轮泵出口压力脉动频域图

图 10.9　不同启动方式下凸轮泵进出口压力脉动规律

10.2.6　线性启动方式 $t=0.10$ s 过程中凸轮泵内部流线分布

图 10.10 所示为线性启动条件下($t=0.10$ s)凸轮泵转子腔内的流线图。结果表明:在初始启动阶段($t=0.04$ s),由于转子腔内液流的急加速作用,转子腔高压区、过渡区和低压区之间较大的回射流速度,在转子腔局部产生不同尺度的回流涡。启动过程中($t=0.04\sim0.14$ s)转子腔内瞬态过程的流线分布表明,凸轮泵转子腔内液流呈现明显的周期性瞬态特性。

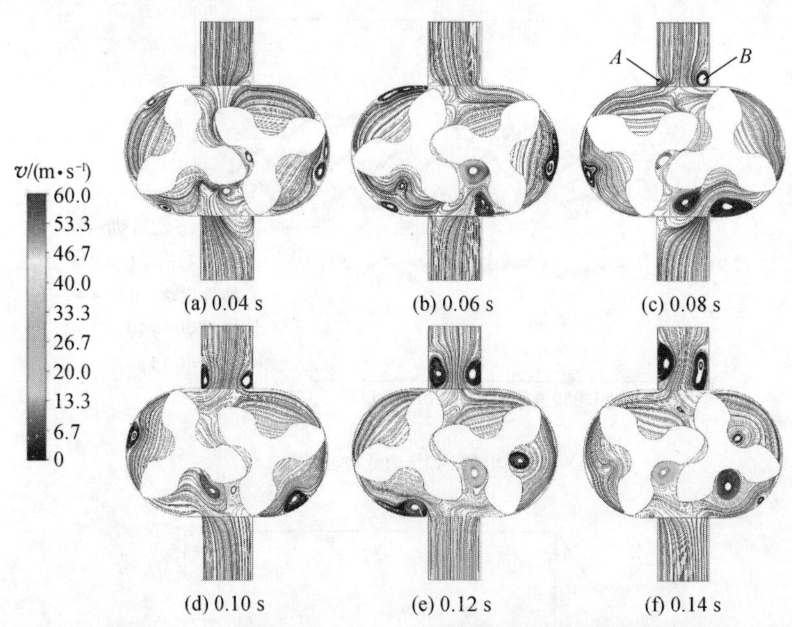

图 10.10 线性启动 t=0.1 s 过程中转子腔内部流线分布

启动过程中转子腔内流线分布表明，随着转速的增加，转子腔内流动分离现象逐渐显著。启动时间为 0.08 s 时刻，转子腔内漩涡逐渐减少。同时，漩涡的尺度逐渐增大，转子腔内间隙两侧流体的回流速度逐渐减小。此外，通过比较流线图，进口低压区内流动状态在启动过程中非常不均匀。当凸轮泵达到额定转速时，转子腔内的速度分布逐渐均匀化。

10.3 小结

① 凸轮泵启动过程中，瞬时流量曲线随启动时间的变化而快速变化，瞬时流量呈近似指数曲线减小。3 种线性启动方式下凸轮泵出口均出现显著的回流现象，启动时间结束后（即凸轮泵达到额定转数）出口流量脉动均呈周期性波动。同时，指数启动方式下凸轮泵出口流量比线性启动方式提前达到稳定状态，且在启动时间 t=0.05 s 时，指数启动方式下凸轮泵出口流量提前于启动时间达到稳定状态。

② 当凸轮泵以正常启动方式启动时，转子受到的径向激励力分量 F_y 高达 430 kN，而变转速启动方式中转子径向激励力显著减小。正常启动方式下，凸轮泵所受的径向激励力分量 F_x 最大值达 70 kN，方向指向 x 轴的负方

向。另外，变转速启动方式可以有效抑制径向激励力分量 F_x 在启动瞬间的突变现象。

③ 线性启动方式中，启动过程中进出口压力脉动明显减弱。同时，随着转速的增大，压力脉动幅值逐渐增大，达到额定转速时压力脉动值趋于稳定。通过对不同启动方式下凸轮泵内部流场进行数值模拟，揭示了启动过程中凸轮泵转子腔内部瞬态流动特征，为凸轮泵的传动轴系设计和受力计算提供依据。

11

凸轮泵转子腔内部数值计算实例分析

动网格技术是流体数值计算较为先进的方法。生活中经常涉及动网格的典型问题,例如,开门的一瞬间,门的运动会影响房间内部的空气流动和通风,这是一个典型的动网格问题。随着 CFD 技术和网格处理技术的发展,动网格技术可以求解计算域边界运动引起的计算域形状随时间变化的流动问题。本章首先介绍动网格技术的定义、特点、分类和主要求解方法;然后基于 PumpLinx 软件,通过实例详细介绍凸轮泵转子腔内部动网格数值计算的操作步骤和软件设置方法,主要包括:三维模型的导入方法、面切割方法、网格的生成、湍流模型的选择、边界条件设置和计算结果后处理。

11.1 动网格技术概述

11.1.1 动网格的定义和特点

(1) 动网格的定义

在工程中,动网格应用非常广泛,例如,依靠叶轮运动的泵和压缩机、依靠旋翼旋转而飞行的直升机、随海浪起伏的船舶、内燃机缸内的活塞运动等。而固体结构数值仿真中并不存在动网格的问题,在结构计算中网格节点的运动位移是求解计算的基本物理量,模型边界上的位移可直接作为载荷条件输入。结构仿真计算基于拉格朗日坐标系,每一个网格节点都具有转动和平动自由度,因此节点运动是理所当然的事情。

(2) 求解流体运动问题的主要数值方法

流体数值计算基于欧拉坐标系,在欧拉坐标系中,计算空间与网格节点保持固定,因此在利用 CFD 计算流体流动问题时,考虑区域中部件的变形或运动,需要通过特殊的手段来解决。当前很多 CFD 软件都有针对边界或区域

运动的解决方案。目前,商用 CFD 软件求解运动问题的主要数值方法包括:

① 针对区域运动的单参考系、多参考系及混合平面模型;

② 针对区域运动的滑移网格;

③ 针对边界运动及区域运动的动网格。

其中,针对区域运动的单参考系、多参考系及混合平面模型为定常计算方法,采用动参考系模型,在计算过程中,网格实际上并不运动。对于滑移网格方法,网格的确是在运动,然而滑移网格只能解决区域运动问题,对于区域内各边界以不同规则运动的情况则无能为力,而这些问题都可以采用 CFD 动网格技术实现,所以动网格最接近真实的物理状态。另外,还有一种情况,在 CFD 中可设定壁面为运动或者静止,运动壁面的平动速度或转动速度,但这仅是边界条件的设置,并未涉及区域或边界的真实运动,网格也不会产生任何变化。

11.1.2 动网格的主要数值求解方法

(1) 动网格的主要分类

动网格包含两方面的内容:① 运动方式的描述;② 网格的处理。

在 CFD 中由于速度是可以求解的量,因而在定义部件运动时常用速度进行表达。主要有 2 种类型:① 显式定义:直接给定运动部件的运动速度,可以是常数,也可以是与时间相关的函数。② 隐式定义:无法直接获得速度,但是速度可以通过牛顿定律计算获得。对于可以显示定义的运动方式,称为主动运动;而无法直接得到速度的运动方式,称为被动运动。对于被动运动,目前很多主流的 CFD 求解器都提供了 6DOF 模型进行解决。

部件的运动影响原始网格,当运动量较大时,可能会导致网格退化,甚至产生负体积。目前成熟的 CFD 软件对于动网格中网格的处理主要有 2 种方法:① 采用网格重构:当部件产生运动后,程序检测部件运动对于初始网格的影响,并对运动后的网格进行重新划分,以确保网格质量能够满足要求。② 采用重叠网格:重叠网格的基本原理很简单,采用 2 套网格:一套为背景网格;一套为前景网格。部件运动过程中,程序不断地检测背景网格与前景网格的重合区域,并计算交接界面;重叠网格类似于区域运动,运动的区域叠加在背景网格上。

(2) Fluent 动网格的数值求解方法

当运动条件定义在边界上时,Fluent 软件求解提供了 3 种动网格运动的方法处理变形区域内网格,分别为弹性变形的网格调整、动态网格层变和局部网格重构。

Fluent 中动网格功能非常齐全，对于部件的运动，Fluent 提供了 Profile 及 UDF 宏来进行定义，只要运动规律能够用数学语言描述，软件可以定义任意复杂程度的运动。对于网格的处理，Fluent 采用网格重构(Remeshing)技术，同时还包含了网格光顺方法及动态铺层方法，以应对不同的应用场合。同时在高版本 Fluent 中，还加入了 Overset 重叠网格，对于复杂运动的网格处理提供了强大的功能。

在被动运动方面，Fluent 可以利用 UDF 将被动运动转化为主动运动，也可以利用 6DOF 模型。Fluent 同时还针对发动机缸内运动提供了 In-cylinder 运动描述。另外，Fluent 提供了接触检测功能以应对边界运动过程中发生的接触问题。

(3) PumpLinx 动网格的数值求解方法

目前，PumpLinx 软件可以实现齿轮泵、凸轮泵、柱塞泵、滑片泵、液压阀、涡旋压缩机、螺杆压缩机、螺杆泵、螺杆马达等泵、阀、马达和压缩机等流体元件和系统的数值计算、性能预测、可靠性失效分析。PumpLinx 是美国 Simerics 公司专为泵阀行业研发的 CFD 模拟软件，在很大程度上解决了 CFD 软件易用性、计算精度及计算效率问题。PumpLinx 作为一款专业的流体仿真分析软件，因其独有的网格技术、专业的泵阀模板、先进的多相流模型、完备的 CFD 求解能力等优势，广泛应用于航空航天、船舶、汽车等领域。

PumpLinx 具有笛卡尔网格处理技术，采用几何等角自适应二元树(Geometry Conformal Adaptative Binary-tree)算法，即 CAB 算法。CAB 算法在由封闭表面构成的体域生成迪卡尔网格。在靠近几何边界，CAB 自动调整网格来适应几何曲面和几何边界线。为了适应关键性的几何特征，CAB 算法通过不断分裂网格自动地调整网格大小，这是利用最小的网格分辨细节特征的最有效方法。常用于几何形状不规则的流体域，如离心泵的过流部件、容积泵的进出口流体域等。PumpLinx 具有通用网格技术，内置通用的网格模板技术，可参数化生成棱柱体、六面体、圆柱体等的结构化网格。PumpLinx 内置专业的泵阀网格生成技术，作为专业的泵阀仿真分析软件，PumpLinx 具备众多的网格模板，如离心泵、风机、外啮合齿轮泵、凸轮泵、摆线内啮合齿轮泵、新月形内齿轮泵、单螺杆泵/马达、柱塞泵、涡旋压缩机、滑阀、摆阀等。

PumpLinx 可对包括轴向/混流/离心式压缩机、泵、马达、涡轮机及连接/关闭装置等在内的叶轮机械进行精确模拟并提供有效的性能预测。PumpLinx 具有全空化模型综合考虑汽化、非凝结气体和液体可压缩性等因素，数值模拟精度高，可有效预测压力脉动、汽蚀损害及其他性能参数，具有高度自适应的网格生成能力、模板式变形区结构网格生成、模板式自动动网格设置、稳定而精确的全空化数值模型和高效的数值求解能力。

11.2 三维模型导入和前处理设置

11.2.1 三维模型导入及面切割

① 打开 PumpLinx 软件,进入工作环境,如图 11.1 所示。

图 11.1 PumpLinx 软件工作环境

② 通过单击图 11.1 中的“创建”图标创建一个新的计算文件,如图 11.2 所示。其主界面主要包括主控制菜单、主界面、显示界面及残差显示窗口等。

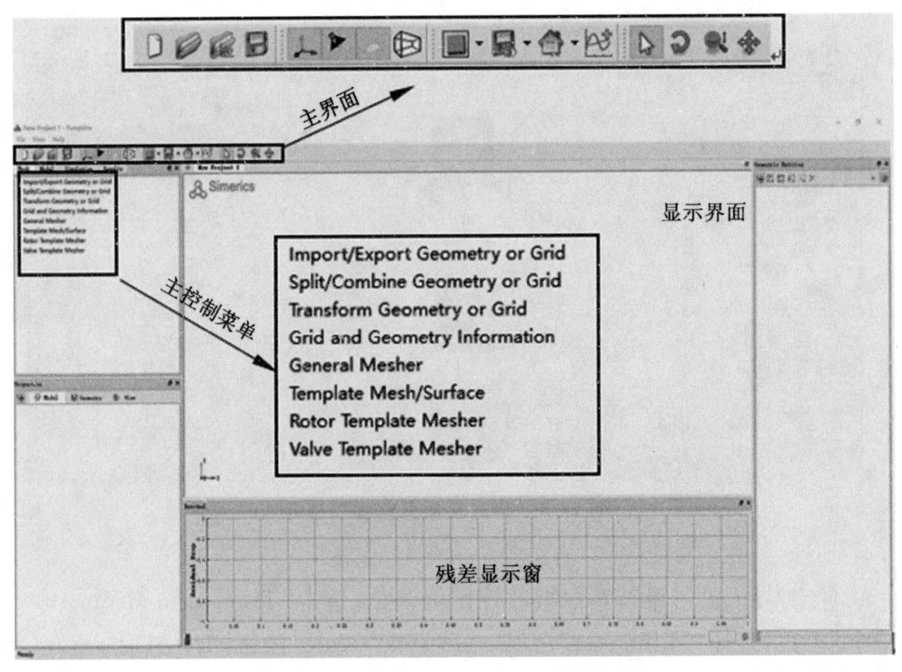

图 11.2 PumpLinx 软件工作界面

③ 导入凸轮泵三维计算模型：单击“Mesh”—“Import/Export Geometry or Grid”—“Import Surface From STL Triangulation File”，弹出导入几何模型对话框，选择要导入的几何模型，单击“打开”按钮，如图 11.3 所示。导入后的三维计算模型如图 11.4 所示。至此，凸轮泵的三维计算模型导入完成。

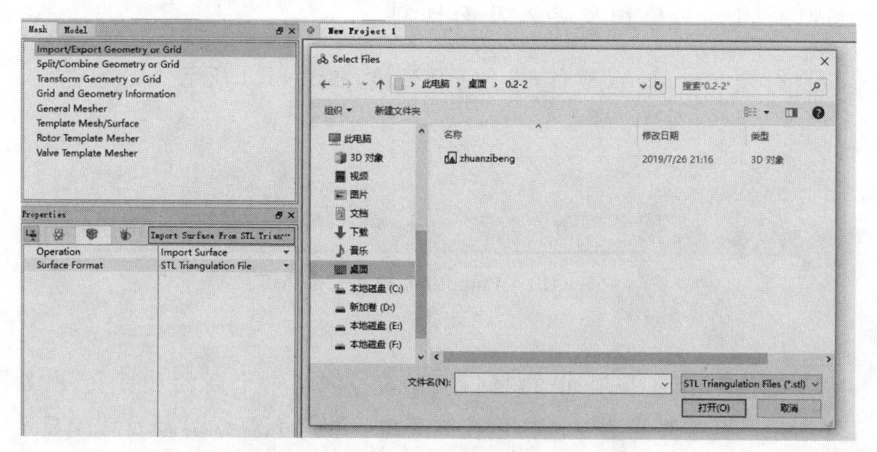

图 11.3　导入三维几何模型文件选项

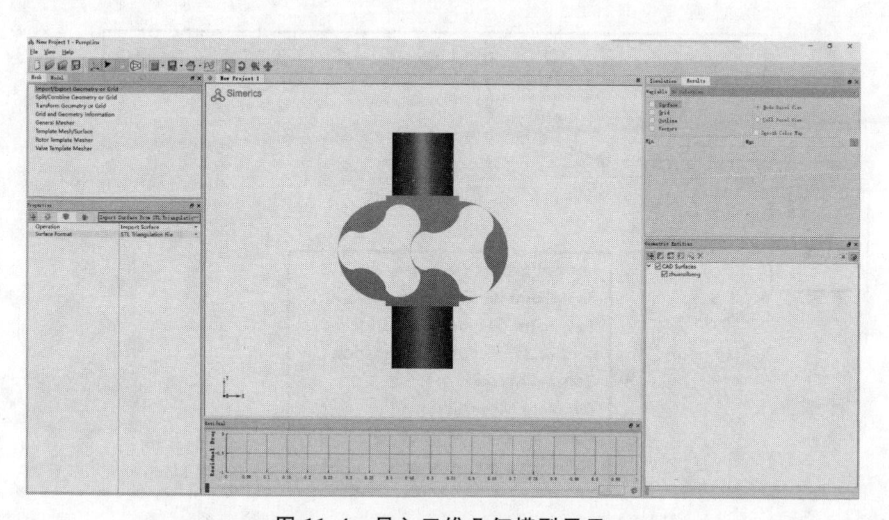

图 11.4　导入三维几何模型显示

④ 对导入的三维计算模型进行比例调整，单击“Transform Geometry or Grid”菜单，选择“Millimeter”选项，然后点击“Scale”按钮，如图 11.5 所示，完成对模型的尺寸调整。

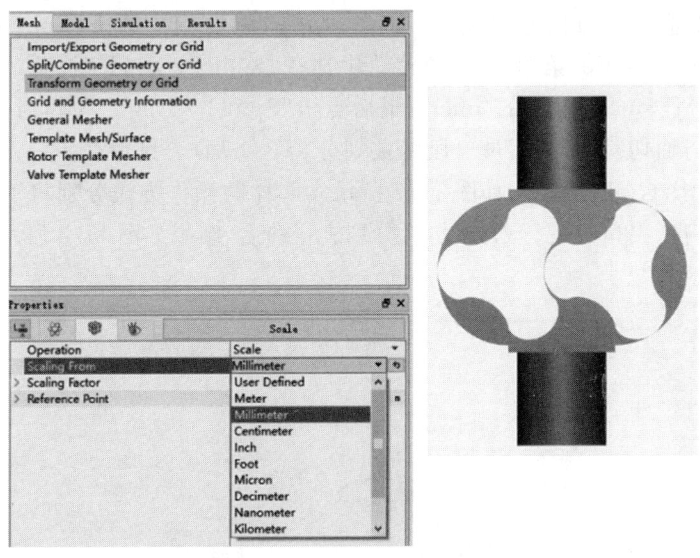

图 11.5　模型尺寸比例调整

⑤ 凸轮泵计算域的分割:包括对凸轮泵进出口、上下连接部分及转子部分,单击“Split/Combine Geometry or Grid”菜单,在下拉菜单中选择“Split Disconnected”选项,然后单击选中“CAD Surfaces”,最后点击“Split Disconnected”按钮,从而将整个计算域分为进口段、下连接、转子、上连接5个部分,如图 11.6 所示。分割完成后,在“CAD Surfaces”下得到计算模型的5个域,然后按照对应的名称分别进行命名,命名时用下划线进行连接。

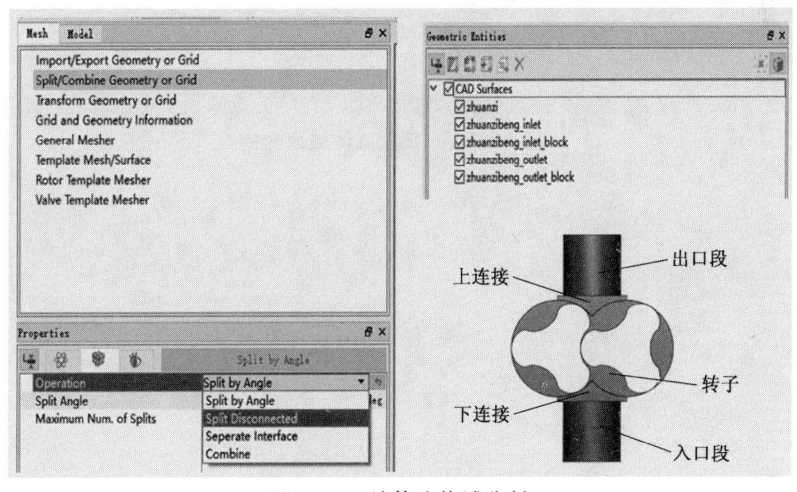

图 11.6　计算流体域分割

⑥ 凸轮泵计算域的面切割:分别对以上分割完的 5 个计算域进行面分割,现以进口段为例进行说明,其余划分方法类似。单击“Split/Combine Geometry or Grid”菜单,在下拉菜单中选择“Split by Angle”选项,然后单击选中“CAD surfaces”下的“inlet”,最后点击“Split by Angle”按钮对凸轮泵进口段进行面切割,完成后进口段将被划分为 3 个面,分别命名为:inlet_inlet, inlet_outlet, inlet_wall,如图 11.7 所示。同样的操作方法分别将下连接、转子、上连接、出口段进行划分,然后分别进行命名,结果如图 11.8 所示。

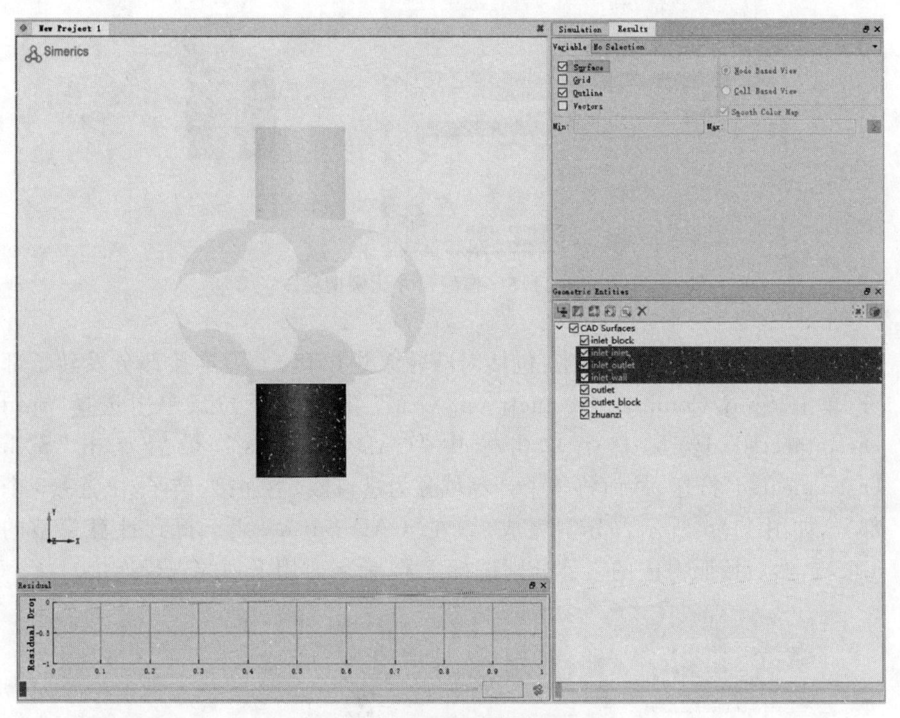

图 11.7 入口段流体域面分割

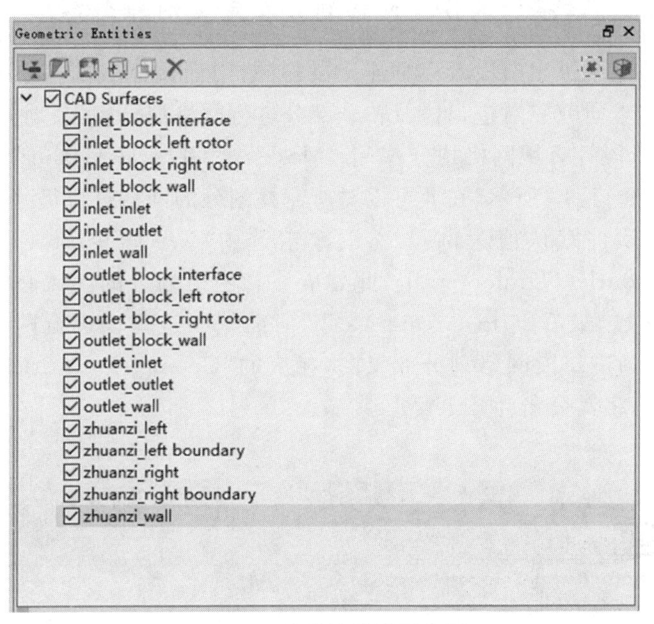

图 11.8　计算流体域面分割

其中，对下连接和上连接分割面进行命名的时候，需将图 11.9a 所示的下连接的 4 个面和上连接的 4 个面分别合并成 2 个面，依次分别命名为 inlet_block_wall 和 outlet_block_wall。合并方法(以下连接为例)为：选中“CAD surfaces”中要合并的 4 个壁面，选择“Properties”中的“Combine”，选中后单击对应的执行按钮“Combine”，合并完成，操作界面如图 11.9b 所示。上连接合并方法相同。

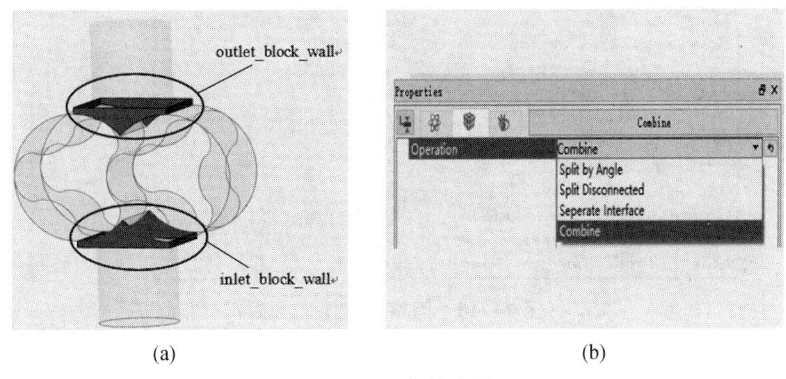

图 11.9　合并壁面

11.2.2 三维计算模型网格划分及定义动静交界面

由于凸轮泵进出口段及上下连接段相同，因而流体域网格划分的方法也是一致的。本研究只对进口段及转子部分进行网格划分，其余划分方法类似。

① 进口段计算域网格划分：单击“Mesh”—“General Mesher”进入网格划分界面，如图 11.10 所示，在此可以对所需要划分的网格进行尺寸及角度设定（本章均以软件默认值为例）。然后单击选中“CAD Surfaces”下的 inlet_inlet、inlet_outlet 及 inlet_wall。此处应注意网格划分的区域必须为一个完整的封闭区域，最后点击“Greate Mesh”对凸轮泵进口段进行网格划分。图 11.11 所示为进口段网格划分效果图，相应的“Geometric Entities”中会出现“Volumes”，将其命名为“inlet”。

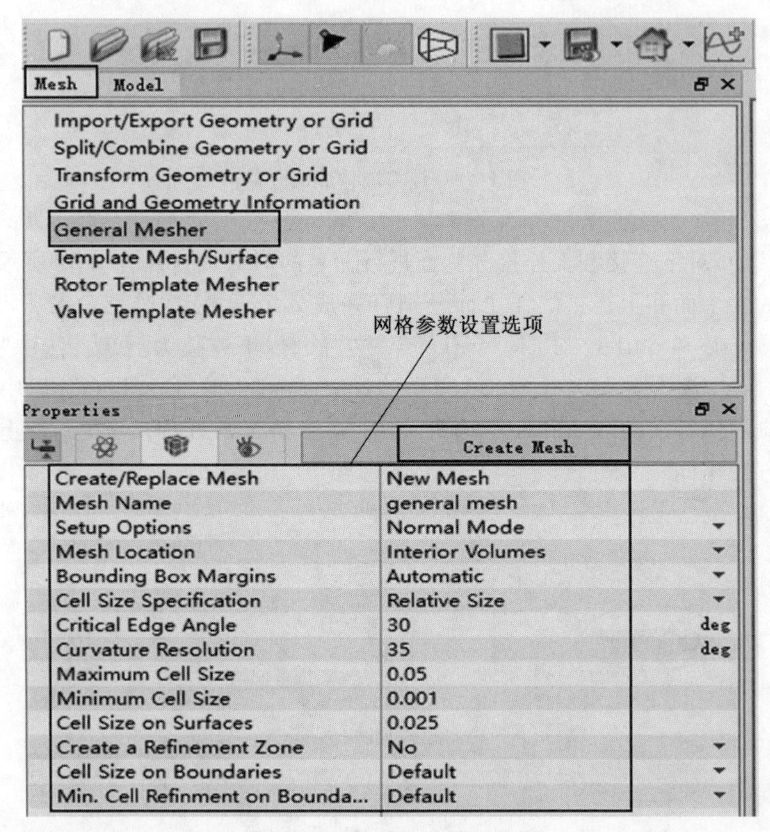

图 11.10 网格划分操作界面

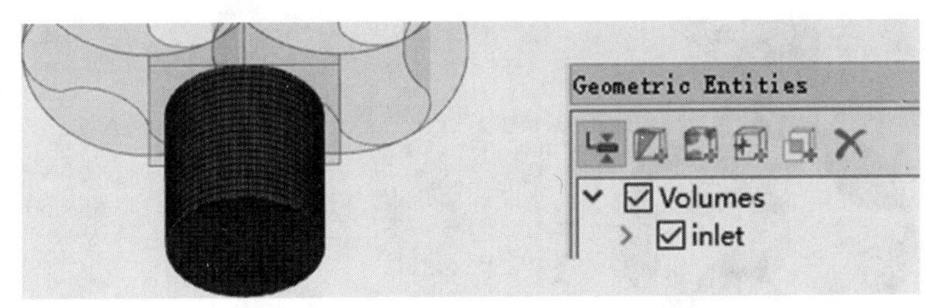

图 11.11　进口段网格划分过程

② 转子部分流域网格划分：由于转子是旋转部件，凸轮泵在计算的过程中需要用到动网格模型，因而计算域的网格划分需要使用软件自带的模板，单击“Mesh”—“Rotor Template Mesher”—“Rotor Type”，在下拉菜单中选择“External Gear”模板，如图 11.12a 所示。

首先，定义左侧转子为“Drive Gear”，右侧转子为“Slave Gear”，然后进行对应边界的选择。按照右手定则定义转子的旋转矢量方向，给定“Drive Gear”及“Slave Gear”的中心点坐标，需注意坐标为米制单位，最后点击“Build Gear Mesh”完成对转子计算域网格的划分，如图 11.12b 所示，相应地对“Geometric Entities”中的“Volumes”进行命名。最终，凸轮泵计算域的网格如图 11.13 所示。

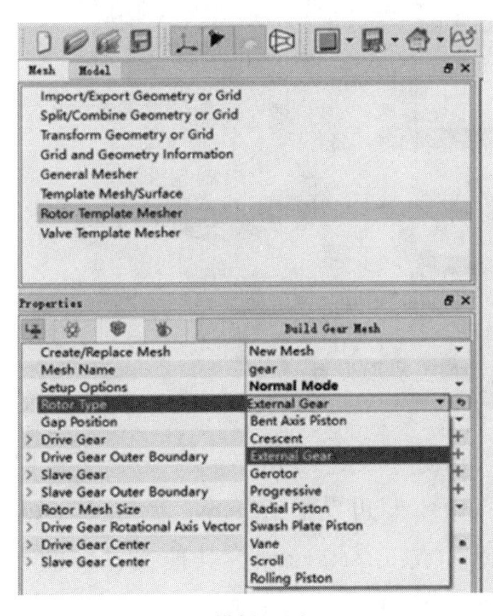

(a) 模板调用

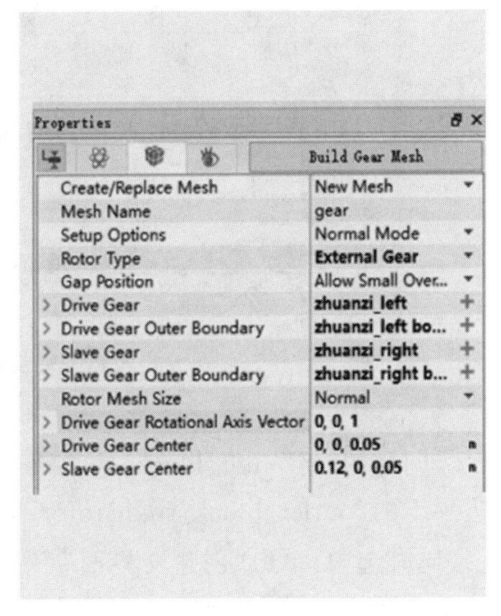

(b) 边界选择

图 11.12　模板调用及边界选择

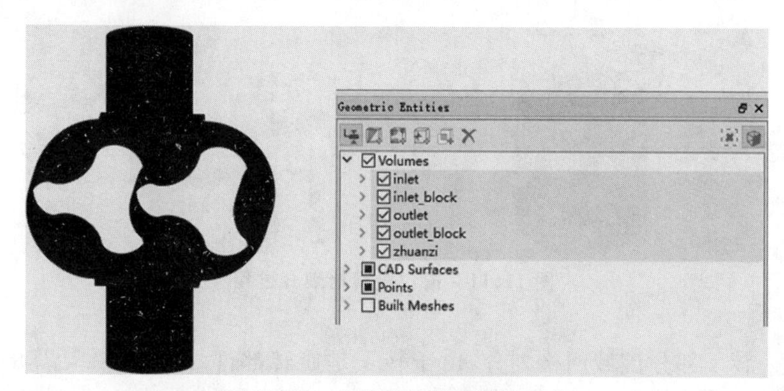

图 11.13　凸轮泵计算域网格划分

③ 动静交界面的定义:定义交界面是为了使计算数据在不同计算域进行实时传递。凸轮泵计算域包括进口段与下连接、下连接与转子、转子与上连接、上连接与出口共计 4 个动静交界面。现以进口段与下连接为例进行说明:展开“Volumes”中的“inlet”和“inlet_ block”,出现“Boundary”下拉菜单,同时选中“inlet_ outlet”及“inlet_ block_ interface”,然后单击“创建交界面”按钮生成 interface 面,如图 11.14 所示。

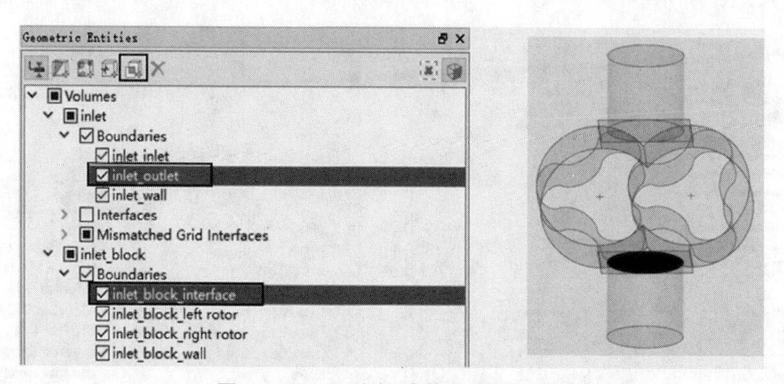

图 11.14　下连接动静交界面设置

同样的,将“inlet_block”边界下的“inlet_block_right rotor”“out_block”边界下的“outlet_block_right rotor”和“zhuanzi”边界下的“slave_gear_outside_1”同时选中,单击“创建交界面”按钮生成 interface 面。其他交界面的创建采用同样的操作,交界面全部设置完成后如图 11.15 所示。

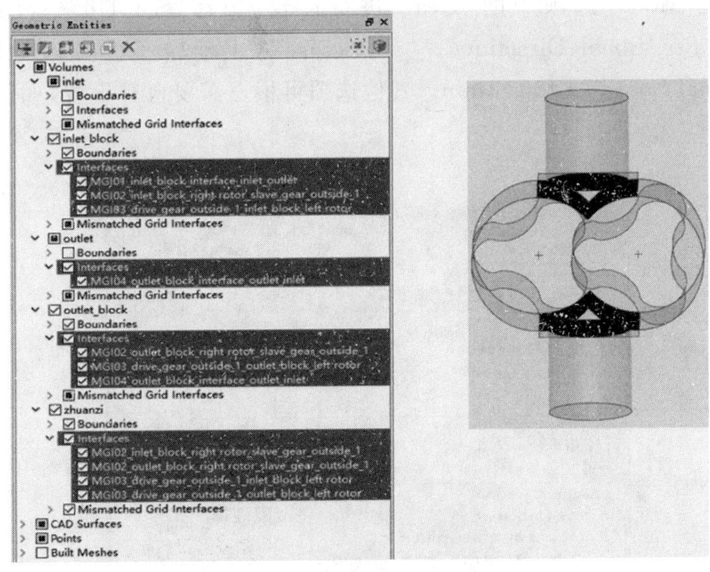

图 11.15　动静交界面设置完成

11.3　前处理设置与选择

11.3.1　数值计算模型的选择

单击“Mode”—“Select Modules”，然后在“Available Modules”中选择“Pumps”菜单下的“Gear”，点击“添加”图标 Add -> ；选中“Flow”菜单，点击“添加”图标 Add -> ，再选中“Flow”菜单下的“Turbulence”和“Cavitation”，分别点击“添加”图标 Add -> ，如图 11.16 所示。

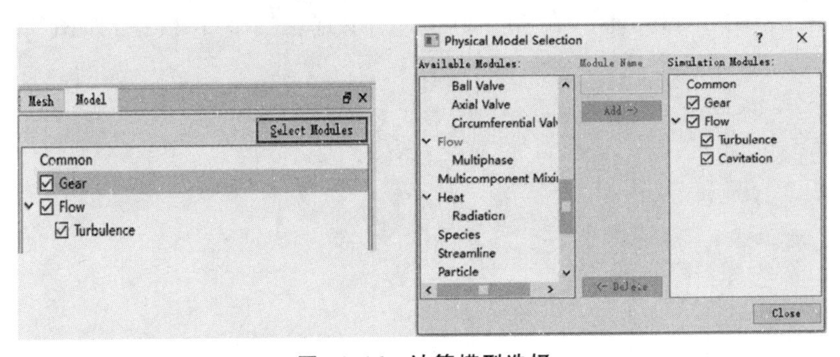

图 11.16　计算模型选择

单击“Mode”选项中的“Gear”进行设置：选择“Set Up”—“Extended Mode”，“Rotational Direction”—“Clockwise”（主动转子为顺时针转动），“Rotational Speed”—400 r/min。其他选项可根据需要自行设置，如图 11.17 所示。

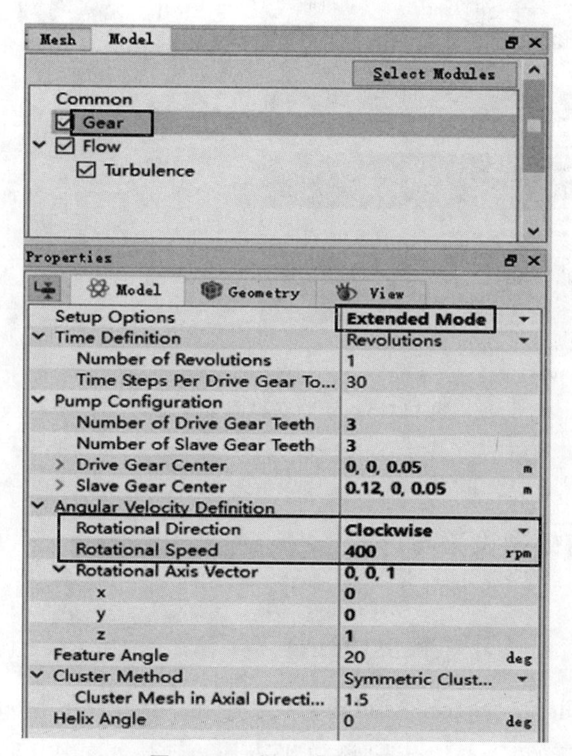

图 11.17 “Gear”属性设定

湍流模型的选择：点击“Model”中的“Flow”选项，选中“Geometric Entities”中的“Volumes”，在“Turbulence”中选择“RNG”模型，如图 11.18 所示。

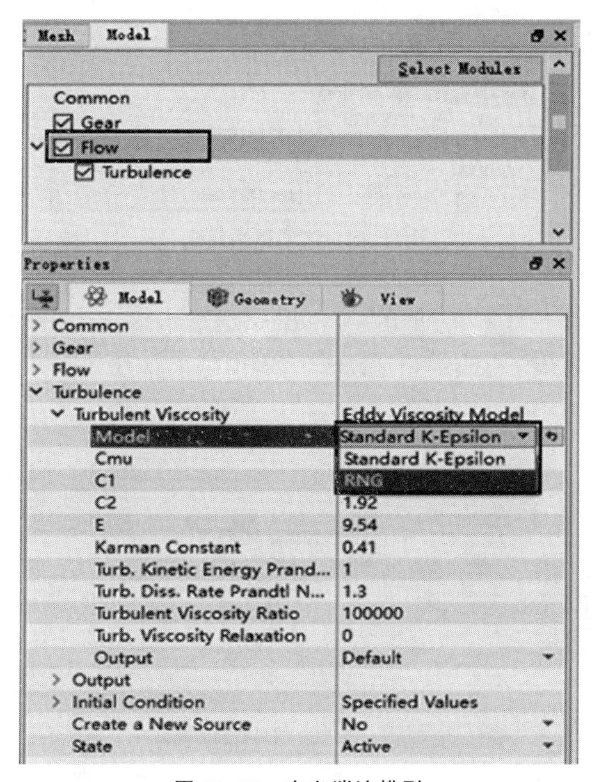

图 11.18 定义湍流模型

PumpLinx 软件只有 2 种湍流模型可供选择：Standard $k-\varepsilon$ 及 RNG $k-\varepsilon$。$k-\varepsilon$模型是目前应用最广泛的工程湍流模型，其方程以耗散尺度作为特征长度，由求解相应的偏微分方程得到，适用范围广泛，并且能够较好地用于某些复杂的三维湍流。该模型已广泛应用于流体机械内部流场数值模拟和性能预测。其中 RNG $k-\varepsilon$（Renormalization Group $k-\varepsilon$）是对标准 $k-\varepsilon$ 湍流模型的一种改进，此模型适用于模拟由于剪切运动导致的间隙流动问题。基于此可选取湍流模型为 RNG $k-\varepsilon$，并进行凸轮泵转子腔内部流动的数值计算。

11.3.2 属性及边界条件的设置

① 流体属性定义：选中“Geometric Entities”中的“Volumes”，再点击“Model”中的“Flow”选项，将“Gear”中的 Material 定义为“Water”，如图 11.19 所示。

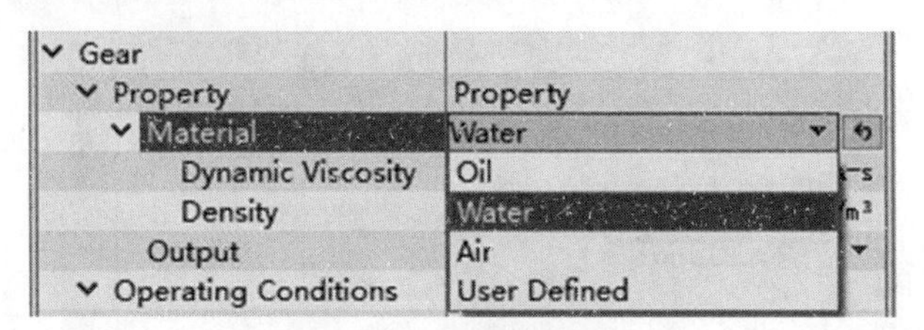

图 11.19　流体属性定义

② 进口边界条件定义：单击“Volumes”—“Inlet”—“Boundaries”菜单下的“inlet_inlet”，在“Model”—“Flow”—“Gear”中选择为“Inlet”边界，如图 11.20 所示。

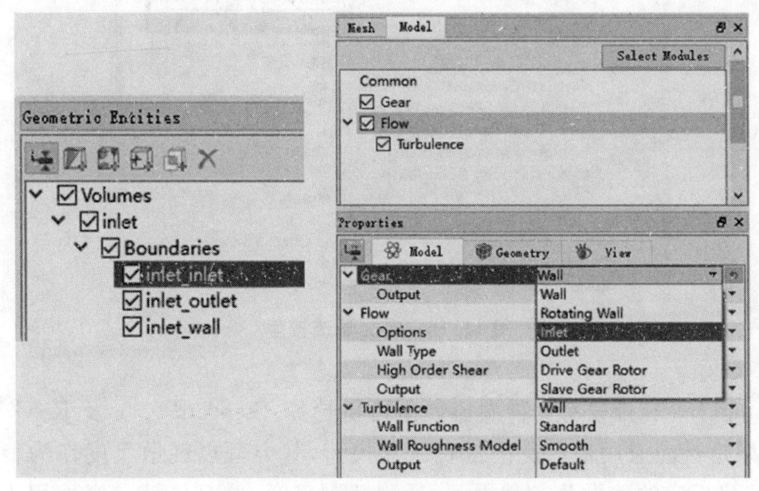

图 11.20　进口边界条件的定义

③ 出口边界条件定义：单击“Volumes”—“Outlet”—“Boundaries”菜单下的“outlet_outlet”，在“Model”—“Flow”—“Gear”中选择为“Outlet”边界，如图 11.21 所示。

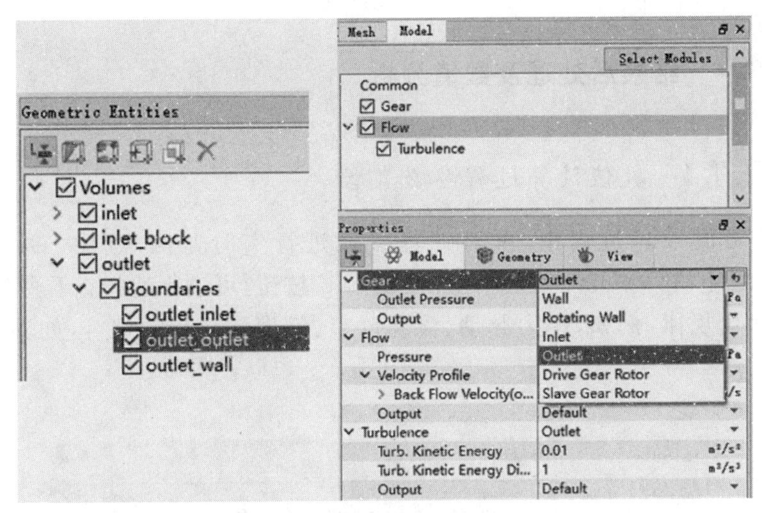

图 11.21　出口边界条件的定义

11.3.3　基本参数的定义和设置

在"Simulation"选项中，设置"Number of Revolutions"为"3"，其他为默认值即可，也可根据自己的需要进行调节。设置完成后，点击："Start"按钮，弹出消息栏，提示先保存文件，保存到设置好的路径后即可开始运算，如图 11.22 所示。

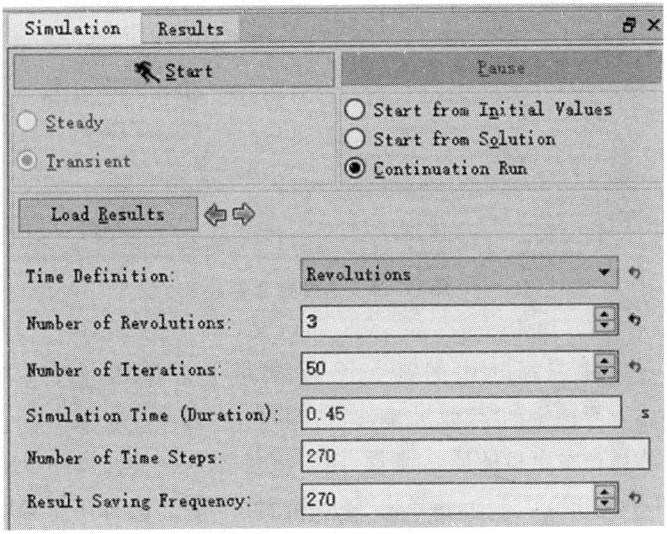

图 11.22　计算参数设置

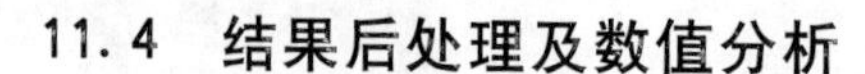

11.4 结果后处理及数值分析

11.4.1 数值计算过程参数监控

在数值计算过程中，可对计算参数进行实时监测，选中“Geometric Entities”中的“Volumes”选项，单击“Result”按钮，可进行选择查看所监控参数的变化规律，例如，压力脉动、流速分布、流量脉动和空化等，如图 11.23 所示。

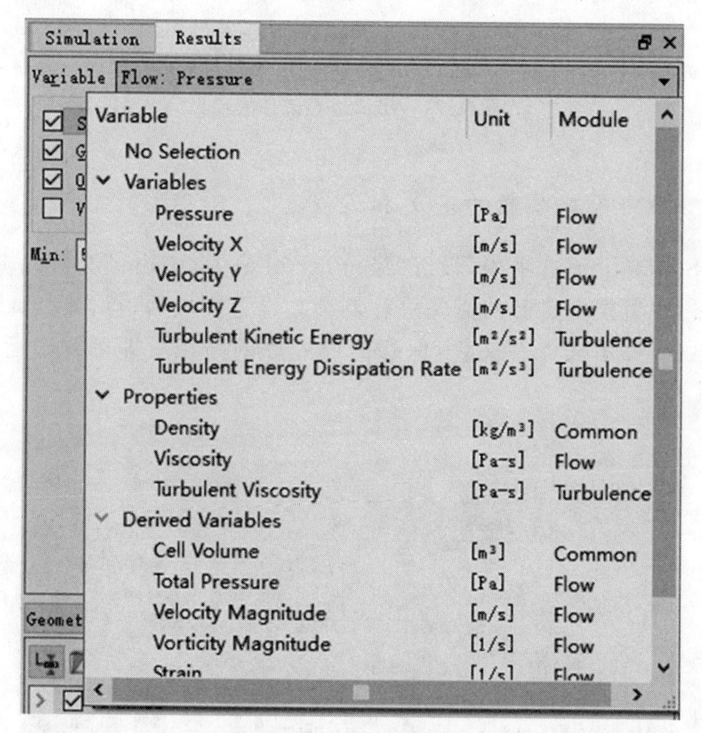

图 11.23　选择查看参数

也可以单独选择其中的某一个边界进行查看，例如，选择“outlet_outlet”，单击主界面中的“添加监测线”按钮，在残差显示窗口就会出现 Plot 窗口，即可选择查看出口的质量流量、体积流量等参数，例如，查看质量流量参数，先选中“Mass Flux”选项，再单击“添加监测线”按钮，即可查看质量流量参数，如图 11.24 所示。全部设置完成后，其计算显示界面如图 11.25 所示。

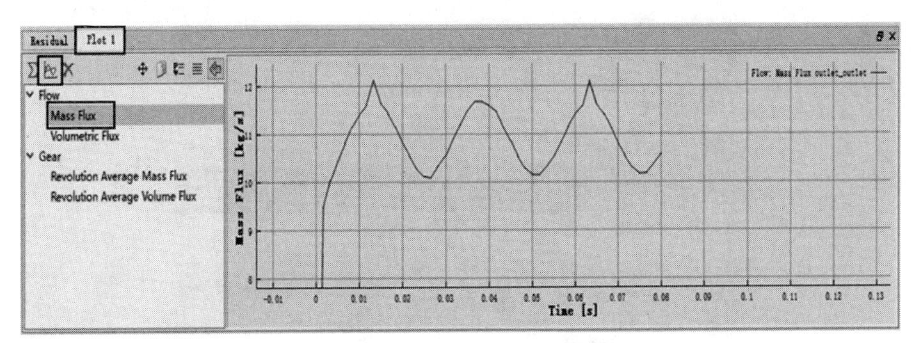

图 11.24　出口位置质量流量

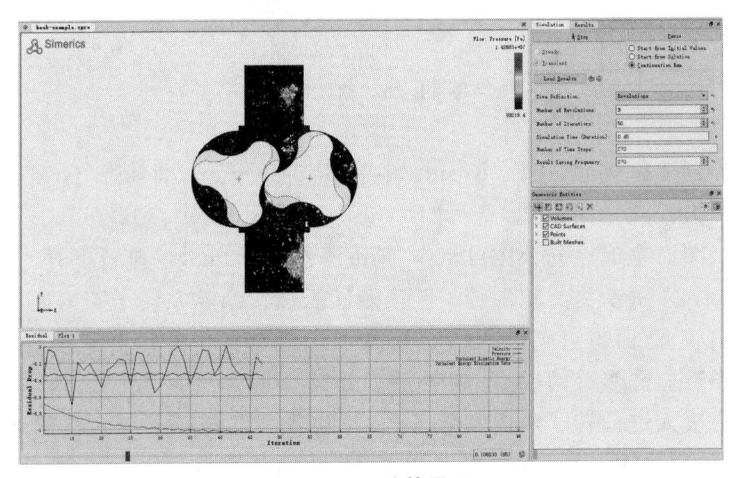

图 11.25　计算界面

11.4.2　数值结果后处理

数值迭代计算收敛后，可在几何图形上创建横截面，以便更清晰地查看计算结果。点击“Geometric Entities”中的“创建平面”按钮，生成“Section 01”平面，如图 11.26a 所示。选中该平面之后点击“Properties”中的“Geometry”，可调节该平面的位置，选择“Plane Z”，如图 11.26b 所示。

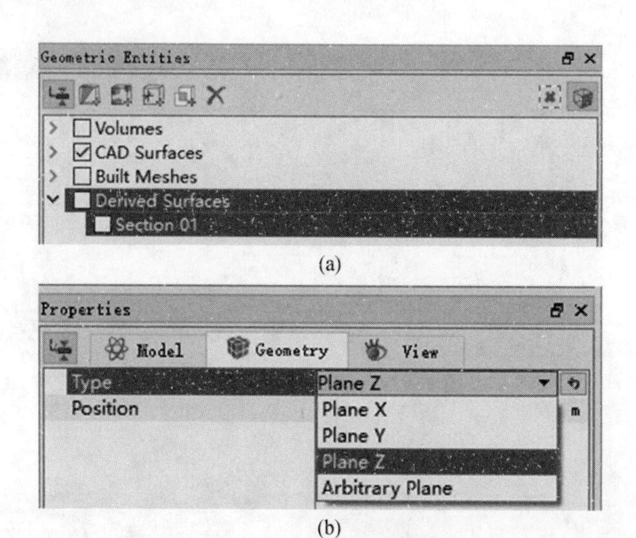

(a)

(b)

图 11.26　创建平面

平面创建完成后，选择“Result”中的“Pressure”，取消勾选“Grid”选项，即可生成压力云图。同样地，选择“Result”中的“Velocity Magnitude”，即可查看速度云图。生成后的云图可点击“File”—“Save Image”进行保存。

图 11.27 所示为凸轮泵转子腔内静压云图。凸轮泵转子腔内进口端区域的静压值较低，而出口端静压值明显高于进口端转子腔内静压值，当凸轮泵共轭转子反向同步旋转时，凸轮泵进口端转子腔局部区域形成真空，所以将流体介质吸入进口转子腔内的低压区，并随着高低压转子腔容积的周期性变化，将流体介质输送高压端，并从出口端排出流体介质。

图 11.28 所示为凸轮泵转子腔内速度云图。由图可知，凸轮泵转子腔内速度矢量分布极不均匀，靠近转子和壁面的间隙区域，速度值较大，转子腔内部速度梯度较大，容易形成二次流和回流现象，所以凸轮泵转子型线、转子和壁面间隙、转速和其他几何参数对性能影响比较显著。为了提高凸轮泵的整体性能指标，必须从上述几何参数入手进行转子型线的几何参数匹配和协同优化。

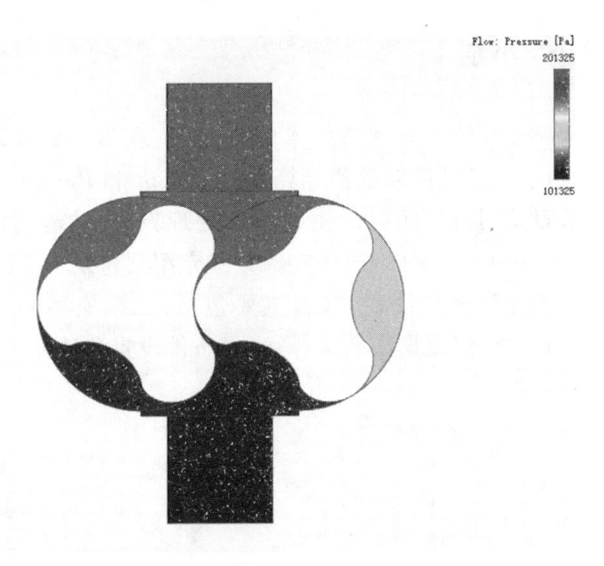

图 11.27　凸轮泵转子腔内静压云图

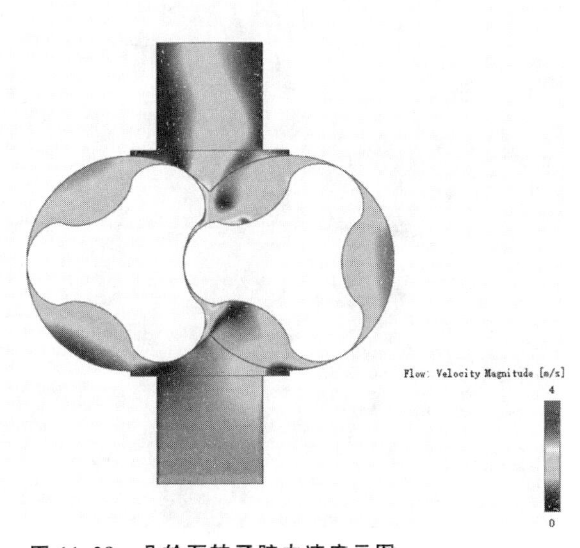

图 11.28　凸轮泵转子腔内速度云图

11.5 小结

本章简要介绍了动网格技术的定义、特点和主要数值求解方法,在此基础上,介绍了 2 种动网格数值计算软件 Fluent 和 PumpLinx 平台,比较了2 种软件在求解动网格问题时的主要数值处理方法、功能、特点和应用范围。然后,基于 PumpLinx 软件,通过实例详细介绍凸轮泵转子腔内部动网格数值计算的操作步骤和软件设置方法,主要包括:三维模型的导入方法、面切割方法、网格的生成、湍流模型的选择、边界条件设置和计算结果后处理。

参考文献

[1] 倪福生,杨年浩,孙丹丹.固液两相流泵的研究进展[J].矿山机械,2006,34(2):67-69.

[2] 徐学忠.凸轮转子泵的设计理论[M].苏州:苏州大学出版社,2015.

[3] 林洪义.回转式容积泵理论与设计[M].北京:兵器工业出版社,1995.

[4] 徐秀生,张维学,邹云详.外环流高粘度凸轮泵的研制石油化工设备技术[J].石油化工设备技术,2001,22 (3):32-36.

[5] 张铁柱,张洪信,赵红.非接触式凸轮转子泵的设计与试验[J].农业机械学报,2002, 33(3):39-41.

[6] 张铁柱,张洪信,赵红.非接触式凸轮转子泵转子理论型线与实际型线设计[J].机械工程学报, 2002,38(11):152-155.

[7] 张洪信,张铁柱,张继忠,等.非接触式凸轮转子泵的优化设计[J].机械工程学报,2005,36(7):65-67.

[8] 叶仲和,陈传铭,蔡海毅.两叶与三叶摆线型转子泵尺寸极值的推导[J].机械工程学报, 2004, 40 (7):67-70.

[9] 毛华永,李国祥,刘海涛,等.摆线转子泵转子结构参数的确定[J].农业机械学报,2006,37(2):45-47.

[10] 唐善华.凸轮泵转子型线设计与性能分析[J].武汉大学学报,2007,40(3):76-79.

[11] Jung S Y, Bae J H, Kim M S, et al. Development of a new gerotor for oil pumps with multiple profiles[J]. International Journal of Precision Engineering and Manufacturing,2011,12 (5):835-841.

[12] Yan J, Yang D C H, Tong S H. A new gerotor design method with switch angle assign — ability [J]. Journal of Mechanical Design,

Transactions of the ASME,2009, 131:0110061 - 0110068.

[13] Vogelsang H, Verhiilsdonk B, Tiirk M, et al. Pulsation problems in rotary lobe pumps[J]. World Pumps,1999(389):45 - 52.

[14] 杜旭明.凸轮转子泵型线的设计研究[D].兰州:兰州理工大学,2014.

[15] Hsieh C F. A new curve for application to the rotor profile of rotary lobe pump[J]. Mechanism and Machine Theory, 2015, 87:70 - 81.

[16] 蔡玉强,李德才,朱东升.新型三叶罗茨压缩机设计研究[J].载人航天,2016 22(3): 347 - 352.

[17] 王慧.椭圆型共轭凸轮转子泵的设计及性能研究[D].北京:北京林业大学,2015.

[18] Türk D M, Verhülsdonk B. Gap leakage behavior of helical vane rotary lobe pumps[J]. World Pumps, 2006(4):32 - 37.

[19] Kang Y H, Vu H H, Hsu C H. Factors impacting on performance of lobe pumps: a numerical evaluation[J]. Journal of Mechanics, 2012, 28(2): 229 - 238.

[20] 巴延博,刘大伟,曾春峰,等.基于非圆齿轮驱动的恒流量高阶椭圆凸轮泵设计[J].机械设计, 2019,5 (5):30 - 34.

[21] Wang J, Jiang X T, Cai Y M. Investigation of a novel circular arc claw rotor profile for claw vacuum pumps and its performance analysis[J]. Vacuum,2015,111:102 - 109.

[22] Huang Z F, Liu Z X. Numerical study of a positive displacement blower[J]. ARCHIVE Proc Institution Mech. Eng. , Part C: J. Mech. Eng. Sci. , 2009,223 (10):2309 - 2316.

[23] Kang Y H, Vu H H. A newly developed rotor profile for lobe pumps: Generation and numerical performance assessment [J]. Journal of Mechanical Science and Technology, 2014, 28(3): 915 - 926.

[24] Kethidi M, Kovacevic A, Stosic N, et al. Evaluation of various turbulence models in predicting screw compressor flow processes by CFD[C]. 7th International Conference on Compressors and their Systems, Purdue,2011, 347 - 357.

[25] Arjeneh M, Kovacevic A, Rane S, et al. Numerical and experimental investigation of pressure losses at suction of a twin - screw compressor [J]. British Food Journal,2015,90(1):137 - 143.

[26] Del C D, Castilla R, Raush G A, et al. Numerical analysis of external

gear pumps including cavitation[J]. Journal of Fluids Engineering, 2012, 134 (8): 11051.

[27] 刘忠族,王秋波.凸轮转子泵的流场及脉动特性数值分析[J].排灌机械工程学报,2014, 32(3): 208-213.

[28] 张锴,翟俊霞,陈嘉南,等.微型齿轮泵内流场的动网格模拟和分析[J].兰州理工大学学报,2011,37 (1):45-49.

[29] 吕亚国,刘振侠,黄健,等.外啮合齿轮内部两相流动的数值模拟[J].润滑与密封,2012, 37(1):17-21.

[30] 姜小军.基于三维数值模拟的凸轮转子泵性能特性研究[D].杭州:浙江理工大学, 2015.

[31] 杨晓斌.罗茨泵转子线型简明设计[J].机械工程师,2010(4):147-148.

[32] 叶仲和,林守峰.三叶罗茨鼓风机圆弧型转子型线设计[J].风机技术,2000(4): 9-12.

[33] 秦丽秋,刘玉岱.罗茨泵圆弧转子型线研究[J].真空,1990(1):32-39.

[34] 李海洋,赵玉刚,胡柳,等.渐开线型罗茨真空泵转子型线的改进研究[J].机床与液压,2011,39 (22):37-39.

[35] 张永宇,杨飞龙,周万春,等.罗茨鼓风机转子渐开线型线设计与加工[J].郑州工业大学学报, 1999(3):87-89.

[36] 姚征,陈康民.CFD通用软件综述[J].上海理工大学学报,2002(2):137-144.

[37] 陈耀松,单肖文,陈沪东.计算流体力学的新方向及其在工业上的应用[J].中国科学(E辑:技术科学),2007(9):1107-1116.

[38] 李勇,刘志友,安亦然.介绍计算流体力学通用软件——Fluent[J].水动力学研究与进展(A辑), 2001 (2):254-258.

[39] 是勋刚.湍流直接数值模拟的进展与前景[J].水动力学研究与进展(A辑),1992(1):103-109.

[40] Yang X Y, Fu S. Study of numerical errors in direct numerical simulation and large eddy simulation[J]. Applied Mathematics and Mechanics(English Edition),2008(7):871-880.

[41] Fu S, Zhai Z Q. Numerical Investigation of the adverse effect of wind on the heat transfer performance of two natural draft cooling towers in tandem arrangement[J]. Acta Mechanica Sinica,2001,17(1):24-34.

[42] 丛国辉,王福军.双吸离心泵隔舌区压力脉动特性分析[J].农业机械学报,2008,39(6):60-63,67.

[43] 王玲玲. 大涡模拟理论及其应用综述[J]. 河海大学学报(自然科学版)，2004(3):261－265.

[44] 苏铭德，康钦军. 亚临界雷诺数下圆柱绕流的大涡模拟[J]. 力学学报，1999(1):100－105.

[45] 王福军. 流体机械旋转湍流计算模型研究进展[J]. 农业机械学报，2016，47(2):1－14.

[46] 杨琼方，王永生，黄斌，等. 融合升力线理论和雷诺时均模拟在螺旋桨设计和水动力性能预报中的应用[J]. 上海交通大学学报，2011，45(4):486－493.

[47] 陈庆光，徐忠，张永建. RNG $k-\varepsilon$ 模式在工程湍流数值计算中的应用[J]. 力学季刊，2003(1):88－95.

[48] 肖志祥，陈海昕，李启兵，等. 采用 RANS/LES 混合方法研究分离流动[J]. 空气动力学学报，2006 (2):218－222.

[49] 刘周，杨云军，周伟江，等. 基于 RANS－LES 混合方法的翼型大迎角非定常分离流动研究[J]. 航空学报，2014，35(2):372－380.

[50] 常书平，王永生，庞之洋. 用基于 SST 模型的 DES 方法数值模拟圆柱绕流[J]. 舰船科学技术，2009，31(2):30－33.

[51] 刘瑜，童明波，Hu Zhiwei. 基于 DDES 算法的有扰流片腔体气动噪声分析[J]. 空气动力学学报，2015，33(5):643－648.

[52] 王少平，曾扬兵，沈孟育，等. 用 RNG $k-\varepsilon$ 模式数值模拟 180°弯道内的湍流分离流动[J]. 力学学报，1996(3):2－8.

[53] 周章根，马德毅. 基于 Fluent 的高压喷嘴射流的数值模拟[J]. 机械制造与自动化，2010，39(1): 61—62，130.

[54] 张淑佳，李贤华，朱保林，等. $k-\varepsilon$ 涡黏湍流模型用于离心泵数值模拟的适用性[J]. 机械工程学报，2009，45(4):238－242.

[55] Kan K, Zheng Y, Chen Y J, et al. Numerical study on the internal flow characteristics of an axial-flow pump under stall conditions[J]. Journal of Mechanical Science and Technology, 2018, 32(10):4683－4695.

[56] Li X, Gao P, Zhu Z, et al. Effect of the blade loading distribution on hydrodynamic performance of a centrifugal pump with cylindrical blades[J]. Journal of Mechanical Science and Technology, 2018, 32(3):1161－1170.

[57] 马希金，郭俊杰，吴蓓. CFD 法设计轴流式油气混输泵初探[J]. 流体机械，2004(7):15－18.

[58] Plesset M S. Bubble dynamics and cavitation [J]. Ann. Rev. Fluid Mech., 1977, 9:145 - 185.

[59] Zwart P J, Gerber A G, Belamri T. A two - phase flow model for predicting cavitation dynamics [C]. Proceedings of the Fifth International Conference on Multiphase Flow, Yokoham, 2004.

[60] 曹玉良,贺国,明廷锋,等. 水泵空化数值模拟研究进展[J]. 武汉理工大学学报(交通科学与工程版), 2016,40(1): 55 - 59.

[61] Sauer J, Schnerr G H. Development of a new cavitation model based on bubble dynamics [J]. ZAMM Journal of Applied Mathematics and Mechanics: Zeitschrift für Angewandte Mathematik und Mechanik, 2001, 81(S3):561 - 562.

[62] Singhal A K, Athavale M M, Li H, et al. Mathematical basis and validation of the full cavitation model [J]. Journal of Fluids Engineering, 2002,124(3): 617 - 624.

[63] Liu H, Wang Y, Liu D, et al. Assessment of a turbulence model for numerical predictions of sheet - cavitating flows in centrifugal pumps [J]. Journal of Mechanical Science and Technology, 2013, 27 (9): 2743 - 2750.

[64] 彭学院,何志龙,束鹏程. 罗茨鼓风机渐开线型转子型线的改进设计[J]. 风机技术,2000 (3):3 - 5.

[65] 刘厚根,朱晓东,赵厚继. 罗茨鼓风机渐开线型转子的改进分析[J]. 风机技术, 2009(5):19 - 21.

[66] Blekhman D, Joshi A, Felske J, et al. Clearance analysis and leakage flow CFD model of a two-lobe muti-recompression heater [J]. International Journal of Rotating Machinery, 2006(10):1 - 10.

[67] Yao L G, Ye Z H, Cai H Y, et al. Geometric analysis and tooth profiling of a three-lobe helical rotor of the roots blower[J]. Journal of Materials Processing Technology, 2005(170):259 - 267.

[68] Huber N, Aktaa J. Dynamic finite element analysis of a micro lobe pump[J]. Microsystem Technologies, 2003, 9(6/7):465 - 469.

[69] Yi B L, Du J, Dong S G. Numerical research on viscous oil flow characteristics inside the rotor cavity of rotary lobe pump[J]. Journal of the Brazilian Society of Mechanical Sciences and Engineering, 2019, 41 (7):1 - 11.

[70] Li Y, Guo D S, Li X B. The effect of startup modes on a vacuum cam pump[J]. Vacuum,2019(166):170 - 177.

[71] Li Yi B, Guo D S. Mitigation of radial exciting force of rotary lobe pump by gradually varied gap [J]. Engineering Applications of Computational Fluid Mechanics, 2018,12:711 - 723.

[72] Jiang X Q, Li Y B, Guo D S. Numerical calculation and analysis of cavitation flow in rotary lobe pump[J]. Quarterly Journal of Indian Pulp and Paper Technical Association,2018,30(2): 166 - 175.

[73] Guo D S, Li Y B. Effect of different startup modes on the cavitation performance in Rotary lobe pump[J]. IOP Conf. Series: Earth and Environmental Science,2019(240):062046.

[74] 黎义斌,张晓泽,郭东升,等.螺旋凸轮泵转子腔流量特性数值分析与试验研究[J].农业工程学报,2018,34(10):62 - 67.

[75] 黎义斌,李仁年,贾琨,等.凸轮泵内部瞬态流场的动网格数值解析[J].江苏大学学报:自然科学版, 2014,35(5):518 - 524.

[76] 黎义斌,郭东升,张晓泽,等.基于动网格的凸轮泵转子腔内流特性数值研究[C].水力机械学科发展战略研讨会暨第 11 届全国水力机械及其系统学术年会论文集,北京,2018.